常见天牛

野外识别手册

林美英 编著

重庆大学出版社

图书在版编目（CIP）数据

常见天牛野外识别手册／林美英编著. —— 重庆：重庆大学出版社，2015.7（2022.8重印）
（好奇心书系·野外识别手册系列）
ISBN 978-7-5624-9015-9

Ⅰ.①常… Ⅱ.①林… Ⅲ.①天牛科—识别—手册
Ⅳ.①Q96-62

中国版本图书馆CIP数据核字（2015）第085412号

常见天牛野外识别手册

编著 林美英

策划：鹿角文化工作室

责任编辑：梁 涛 版式设计：周 娟 涂 敏
责任校对：谢 芳 责任印制：赵 晟

*
重庆大学出版社出版发行
出版人：饶邦华
社址：重庆市沙坪坝区大学城西路21号
邮编：401331
电话：(023) 88617190 88617185
传真：(023) 88617186 88617166
网址：http://www.cqup.com.cn
邮箱：fxk@cqup.com.cn（营销中心）
全国新华书店经销
重庆市联谊印务有限公司印刷
*

开本：787mm×1092mm 1/32 印张：7.5 字数：257千
2015年7月第1版 2022年8月第4次印刷
印数：11 001—14 000
ISBN 978-7-5624-9015-9 定价：38.00元

天牛自古以来就受到人们的普遍关注。

宋代著名文学家苏轼写过一首诗，题目是《天水牛》："两角徒自长，空飞不服箱。为牛竟何事，利吻穴枯桑。"写的是桑树上的天牛。清代的方旭撰写的《虫荟》卷三里有如下文字："天牛即天水牛，有角如八字，又名八角儿。旭按：此物长寸许，甲光如漆，下有翅能飞，头有二角，向前如水牛，喙黑而扁，六足。夏秋间有之，雨后则出，又名桑羊。"写的还是桑树上的天牛，但进一步说明了是鞘翅黑色的种类。

天牛的古名还有：山羊、桑牛、齧桑、齧髪、蠰等。如今天牛在学术上已经有了拉丁名，但人们还经常称呼它为"水牛""天牛"，仍然无从知道说的是哪种天牛。

本书图文结合，希望能让大家对天牛有进一步的了解。

本书部分种类的描述参考了三本经济昆虫志（第一、十九和三十五册）的原文，删掉了大部分需要具有专业知识才能懂的文字，保留了普通读者肉眼能看到的斑纹特征和大方面（非细节）的特征。部分种类仅依据本次收集的图片简单描述。描述中的体长范围是综合了文献记录总结的，少部分种类也参考了笔者手里标本的数据。寄主植物部分非本书目标，只是保留了部分昆虫经济志已经记载的内容，没有对其进行更新和补充。观察时间主要是根据文献记载登记的，部分参考了本次收集图片的拍摄时间，少数种类参考了笔者的采集经验，也许对读者有一定的参考价值，但并不是全面的。

在鉴定和编写过程中，笔者深感"牛海茫茫"，很多精美的图片笔者无法准确鉴定而只好放弃使用，请热心拍摄和提供图片的虫友谅解。即使是目前已经编入在本书中的种类，可能也存在部分鉴定错误，也请读者多多包涵。

感谢以下热情协助鉴定的专家、同行和朋友：比利时的 Alain Drumont

博士帮忙鉴定锯天牛亚科的部分种类；日本的大林延夫教授帮忙鉴定花天牛亚科的部分种类；日本的山迫淳介博士帮忙鉴定沟胫天牛亚科象天牛族的部分种类；西班牙的 Eduard Vives 博士和 Joan Bentanachs 先生帮忙鉴定天牛亚科绿天牛族的部分种类；捷克的 Tomáš Tichý 先生提供部分精美生态照片并协助鉴定部分种类；俄罗斯的 Mikhail Danilevsky 博士帮忙鉴定沟胫天牛亚科草天牛族的部分种类；俄罗斯的 Alexandr Miroshnikov 先生帮忙鉴定天牛亚科纹虎天牛族的部分种类；奥地利的 Carolus Holzschuh 先生在一些笔者不认识的类群给予了协助鉴定；法国的 Eric Jiroux 先生提供了真正的粒肩天牛照片并纠正了皱胸粒肩天牛的鉴定；上海的毕文烜先生也提供了不少帮助。

笔者要特别感谢法国的 Gérard Tavakilian 先生，没有他长时间用心整理的 Titan_2000 数据库，笔者不可能在这么短的时间里整理出本书中的体长数据和观察时间数据，分布信息也是得益于数据库的信息才能比较全面展示。并且，他耐心解答了笔者的一些疑问，如龟背簧天牛的正确学名为什么是 *Aristobia reticulator* 而不是 *Aristobia testudo*。感谢徐倩女士帮助整理了部分描述文字。

感谢众多提供生态照片的虫友，所有拍摄者的信息都在书后——标注出来。

感谢张巍巍先生对笔者的鞭策和帮助，没有他主动承担收集生态图片的工作，没有他再三的鼓动和鞭策，埋头研究的笔者不可能分身来写这样一本科普类型的作品。

以上都是对本书有直接帮助的友人。笔者还想借此机会感谢一些师长和朋友，他们虽然看着跟本书没有什么关系，但其实没有他们的支持和帮助，笔者甚至不可能走进天牛的世界。

首先，感谢中山大学的陈振耀教授、庞虹教授，他俩是笔者的昆虫启蒙老师，笔者是在本科学习期间受他俩的影响才对昆虫产生兴趣的。接着，感谢授业恩师——中国科学院动物研究所的杨星科研究员，他为笔者提供了非常优越的条件，让笔者一步一步走进分类的科学殿堂和昆虫的奇妙世界。笔者还要感谢现任领导乔格侠研究员和陈军研究员，他们非常支持经典分类研究工作，并且在拯救昆虫分类学方面付出了努力。

感谢陈常卿先生无条件提供了多方面的支持和帮助，他是笔者天牛分类历程中很重要的贵人。没有他的扶持，各种压力可能会压垮笔者的神经，占用笔者所有的时间而无暇他顾。他提供给笔者研究的天牛标本至关重要，好些关键的、可遇不可求的种类不是笔者单枪匹马能够获取的。毕文烜先生对笔者的友情也意义非凡，他对天牛的真爱、在分类方面的天赋、给予笔者的启发和支持，让孤单之路不寂寞。

最后，感谢家人的理解和支持，妈妈不辞辛苦帮我照顾小孩，而小昌朋也是属于比较乖巧懂事的小孩，加上爱人对我的宽容和支持，这本利用业余时间整理的科普书才有可能按期面世。

林美英

2015 年 4 月 15 日

目 录 CONTENTS

LONGHORN BEETLES

入门知识
Introduction

什么是天牛

　　天牛是一类外表多样性非常丰富的美丽甲虫，受到广大昆虫爱好者的喜爱和关注。中文的天牛一词，对应英文名为 Longicorn beetles 或 Longhorn beetles，拉丁学名是 Cerambycidae。天牛科隶属鞘翅目 Coleoptera 多食亚目 Polyphaga 叶甲总科 Chrysomeloidea。它与叶甲的主要区别是具有触角基瘤，触角通常向后披挂。人们最为熟知的天牛两个特性为：触角很长的甲虫（成虫）和蛀干的甲虫（幼虫）。

　　天牛的主要特征有：复眼肾形，有时内沿深凹，有时分成上、下两叶，少数复眼完整为椭圆形或近圆形；触角着生于触角基瘤上，通常有 11 节（少数种类有 12 节，甚至有的多达 21 节，也有部分种类少于 11 节），第 2 节最短，常可以向背后方披挂；足的跗节为假 4 节，即第 3 节膨大呈瓣状，第 4 节微小，隐入第 3 节，但少数清楚可见 5 节，部分种类是真 4 节（第 4 节和第 5 节完全愈合）；腹部通常可见腹板 5 节，少有 6 节者。

　　跟其他甲虫一样，天牛是全变态昆虫，一生经历卵、幼虫、蛹和成虫 4 个阶段。

幼虫

蛹

成虫

天牛分类系统

本书采用4科8亚科分类系统，即瘦天牛科 Disteniidae、暗天牛科 Vesperidae、盾天牛科 Oxypeltidae 和天牛科 Cerambycidae；天牛科包括8个亚科，分别是：异天牛亚科 Parandrinae、锯天牛亚科 Prioninae、锯花天牛亚科 Dorcasominae、花天牛亚科 Lepturinae、膜花天牛亚科 Necydalinae、椎天牛亚科 Spondylidinae、天牛亚科 Cerambycinae 和沟胫天牛亚科 Lamiinae。

容易被认错的天牛

大部分天牛较容易辨认，但也有少数天牛长得不那么典型，导致人们不敢确定，以为是别的什么甲虫，如短触角的椎天牛和像红萤的花天牛。

短触角的椎天牛

像红萤的花天牛

容易被错认的"天牛"

曾经有几种不是天牛的甲虫被专家误认为天牛，如：

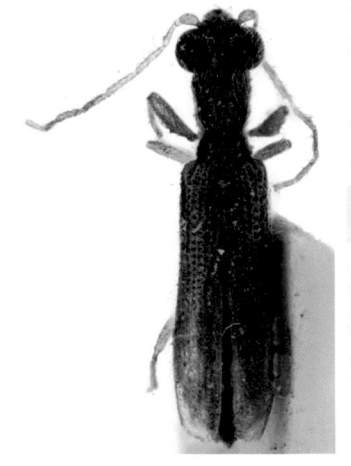

被当作天牛的郭公

被当作天牛的距甲

人们经常会把一些不是天牛的甲虫当作"天牛"，如长角象、花萤、郭公、负泥虫、锯谷盗。

长角象

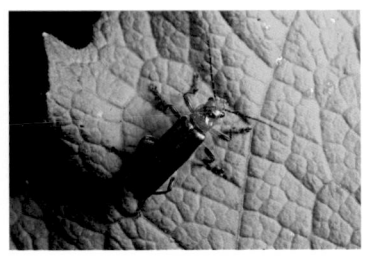

花萤

4

郭公

负泥虫

锯谷盗

天牛的雌雄区别

有些天牛非常容易分辨雄雌，如雄虫触角比雌虫触角长很多的类群、雌虫产卵器外露的类群、雄虫有特化形态的类群等，如下面的图片所示（本章天牛只鉴定到属级）。

裸角天牛，雌（雌虫产卵器外露）

芫天牛，左雄右雌（雄虫触角长很多，雌虫鞘翅短缩）

皱胸天牛，上雄下雌（雄虫触角长很多）

厚花天牛，上雄下雌（雄虫鞘翅单色，雌虫有花斑）

脊花天牛，上雄下雌（雌虫比雄虫胖很多）

肿腿花天牛，上雄下雌
（雄虫后足腿节膨大）

墨天牛，上雄下雌（雄虫触角长很多）

有些天牛雌雄差别不大，需要专家看"屁股"才能分辨性别，如：

锯天牛，上雄下雌

驼花天牛，上雄下雌

脊虎天牛，上雄下雌

小圆天牛，上雄下雌

圆天牛，上雄下雌

到哪里观察天牛

天牛非常漂亮，是著名的观赏甲虫之一。历史上多数爱好者都是用收集标本的方式来观赏天牛。但随着世界各地的森林被逐渐破坏，民众的环保意识慢慢提高，加上数码相机技术日新月异的发展，现在比较提倡的观赏方式是到野外去看活生生的天牛。看着五彩缤纷的天牛在各种各样的环境中展现各式各样的姿态和进行花样繁多的活动，再顺便给它们留个影个像，成了新兴的度假休闲方式。如果您想观察天牛，但却不知道什么时候去哪里看，本书的生态图片可以给您一些提示，并且本书总结了观察时间供您参考。

主要观察地点见下列图片。

花上

树枝上

树叶上（通常在背面）　　　　　葛藤上

柴材堆雄

树上雌

草叶上

倒木上

草地上

竹叶的叶片被咬断

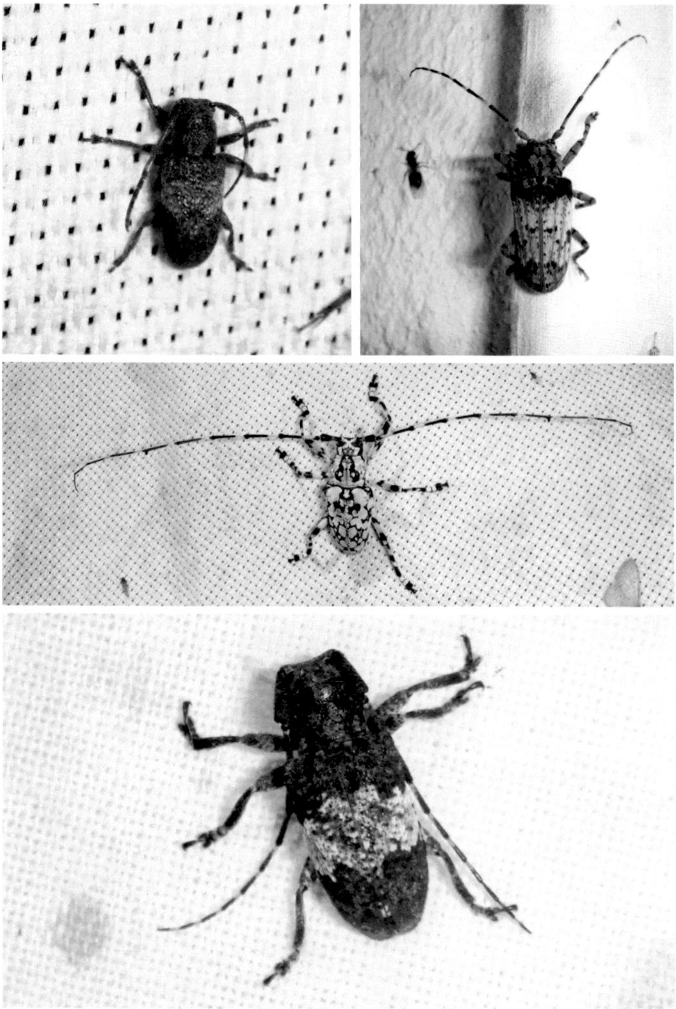

灯诱时的幕布上（可以扩展到路灯下的柱子上、墙壁上等）

有天牛为害状的植物上，如桧柏

桧柏被双条杉天牛吃过的枝条

从桧柏中剥出的双条杉天牛

天牛的中文名

中国动物志编写规则规定："分类单元的中文名应简单易懂，尽可能与学名的含义一致，并注意系统性。种的种名应尽量采用'种本名+属中名+科名'的形式。如果一个物种已有多个中文名，应采用在以往文献中出现频次最多或应用范围最广的一个作为正式中文名，其他列为别名。如果已有前人译名存在，即便并没有被广泛使用或不尽'准确'，为维持稳定性或避免混乱，也应尽量采依。"

目前，天牛的中文名绝大多数都是由华立中教授首次提出并被沿用的，主要参考资料包括：《中国天牛（1406种）彩色图鉴》《中国天牛科昆虫名录》《国外天牛鉴定资料》《老挝天牛名录》等，部分中国学者发表的原始文献含中文名的，尽量沿用。

另外，我们非常推崇由我国三大天牛专家共同提出的中文命名规则，因而在此引用并倡议所有人员共同遵守。中国经济昆虫志第三十五册，鞘翅目天牛科（三）："鉴于我国天牛科种类的记录日益增多，已知种类已超过2000种（注：1987年数据，如今已经超过3000种），过去已有中文名称的种类，由于没有统一的中文命名规则，无规律可循，使用不便。为长远着想，中文名称很有必要按分类系统命名，可以避免重复或混淆，且易于辨别分类位置的亲疏，科学性较强，使用也比较方便。因此，本书中全部中文名称，均试按统一的规则命名：每一属有属的中文名；每一种名的组成在属名前加寄主或形态、地名等形容词；凡是属的模式种，该种中文名与属名相同，不另加形容词。"

我们认为属的模式种的中文名不另加形容词这个规则是非常好的，可以立刻看出模式种的地位，应该倡议大家共同遵守。因此，我们把一些原先资料里面已经加了形容词的模式种中文名简化了，并在后面标注曾经用过的别名。

种类识别

Species Accounts

暗天牛科 Vesperidae

暗天牛科分 3 个亚科和 1 个地位未明确的墨西哥特有属，只有狭胸天牛亚科在中国有分布。中国分布有 4 属 12 种（其中 1 种含 2 亚科），最常见的为芫天牛、狭胸天牛和蔗狭胸天牛。本书收录了 3 种。

1 芫天牛 *Mantitheus pekinensis*

体长 18 ~ 24.5 mm。黄褐色或黑褐色，有时前胸、肩、触角棕红色。雄虫鞘翅肩后色较淡，无光泽；雌虫鞘翅端部暗褐色，全身被稀细的淡色短毛。雌、雄虫在外貌上显然不同。雄虫体较窄，鞘翅覆盖整个腹部，端部尖角形；翅纵脊不明显，具后翅。雌虫鞘翅短缩，仅达腹部第 2 节，端缘略圆形；每翅具 4 条纵脊线，缺后翅；腹部膨大，不为鞘翅所覆盖；触角较细，长度不超过腹部。

● 观察时间：8—10 月。● 分布：黑龙江、内蒙古、北京、河北、山西、山东、河南、陕西、江苏、福建、广东、广西；蒙古。

2 音天牛 *Heterophilus scabricollis*

体长 21 mm。体着生淡黄色毛，头和前胸的毛直立、较长，后胸腹板和腿节下面的毛更稠密。总体棕褐色或黑褐色，有些部分棕红色。雄虫较细长，触角略超过鞘翅末端。雌虫较宽胖，触角很短，仅达鞘翅基部。

● 观察时间：7 月。● 分布：西藏。

3 蔗狭胸天牛 *Philus pallescens*

体长 17 ~ 20.5 mm。体型较细长；色泽很淡，头胸部及触角淡棕红色，鞘翅淡棕色；全身被细软淡黄毛。雄虫触角粗长，长于体长 1/3 ~ 1/2，略带锯齿状；鞘翅狭长，隐约呈现 3 ~ 4 条微弱纵脊，末端圆形。雌虫鞘翅色泽更淡，触角细短，约为体长的 2/3。

● 观察时间：4—5 月。● 分布：河南、陕西、浙江、江西、湖南、福建、台湾、广东、香港、广西、四川、贵州；日本。

瘦天牛科 Disteniidae

瘦天牛科世界记录超过 300 种，分 4 族，其中 3 族在中国有分布，目前中国记录共 8 属 29 种。本书收录了 2 种。

① 黑须天牛 *Cyrtonops nigra*

体长 13 ~ 21 mm。体黑色，鞘翅背面可见 2 条脊。本属天牛最大的特点是雄虫下颚须特化，头略宽于前胸前缘，下颚须很发达。雄虫第 4 节基部分出一枝狭长薄片，超过该节长之半；雌虫下颚须正常。

本种原来中文名为台湾须天牛，但很可能台湾的分布记录是错误的，因此我们根据拉丁词义改为黑须天牛。原称黑须天牛的 *Cyrtonops asahinai* 改为朝氏须天牛。

● 观察时间：6—8 月。● 分布：西藏；印度。

② 卡巴石瘦天牛 *Clytomelegena kabakovi*

体长 8.8 ~ 14.5 mm。体形细长，绒毛多数银白色，部分黑色，隐约可见前胸基部和近端部中央有黑斑，鞘翅基半部中缝有黑条纹，中部附近有横向黑斑。鞘翅基部狭窄，侧缘有一列齿突，鞘翅快到中间时慢慢变宽并缓慢拱隆，之后又慢慢缩窄和下倾，整体看起来很像蚂蚁。这种瘦天牛后翅退化不能飞翔，喜欢在树干、树叶和地面上爬行。

● 观察时间：4—7 月。● 分布：广西；越南。

天牛科 Cerambycidae

天牛科世界广布，已记录的大概有 35 000 种，也有说 45 000 种的。目前分为 8 个亚科：锯天牛亚科、异天牛亚科、锯花天牛亚科、花天牛亚科、膜花天牛亚科、椎天牛亚科、天牛亚科和沟胫天牛亚科。目前中国记录共 79 族 602 属 3 221 种。本书只能争取每个亚科都至少收录 1 种作为代表（除异天牛亚科）。

锯天牛亚科 Prioninae

锯天牛亚科世界记录 1 000 多种,中国记录 7 族 29 属 94 种(其中 6 种含 2 亚种,1 种含 3 亚种)。本书收录了 13 种。

❶ 毛角天牛 *Aegolipton marginale*

体长 20 ~ 43 mm。体形较细长,全身棕红色,有时鞘翅色泽淡,黄褐色;前胸背板前缘、后缘、小盾片端部及鞘翅周缘黑色。雄虫触角超过体长,雌虫约与体等长,柄节粗大,第 3 节最长。前胸背板前端狭窄,基部宽。鞘翅刻点细密,肩部有颗粒刻点分布,鞘翅淡黄色短的细毛较前胸浓密,每翅微显 2 ~ 3 条纵脊线。后胸腹板密被黄毛。雄虫腹部末节后缘中间呈半圆形凹缺,雌虫腹部末后缘凹缺更大,产卵管外露。足扁平。

● 观察时间:3~8月。● 分布:江苏、江西、福建、台湾、广东、海南、香港、四川、广西、贵州、云南;泰国、老挝、马来西亚、印度尼西亚。

❷ 中华裸角天牛 *Aegosoma sinicum sinicum*

体长 30 ~ 55 mm。体赤褐色或暗褐色,雄虫触角与体长相等或略超过,第 1—5 节极粗糙,下面有刺状粒,柄节粗壮,第 3 节最长。雌虫触角较细短,约伸展至鞘翅后半部,基部 5 节粗糙程度较弱。前胸背板前端狭窄,基部宽阔,呈梯形,后缘中央两旁稍弯曲,两边仅基部有较清楚的边缘;表面密布颗粒刻点和灰黄短毛,有时中域被毛较稀。鞘翅有 2 ~ 3 条较清楚的细小纵脊。

● 寄主植物:苹果、枣、杨、柳、桑、榆、野桐、枥、栎、栗、白蜡等阔叶树,以及云杉、冷杉、松类等。● 观察时间:4—7月。● 分布:黑龙江、吉林、辽宁、内蒙古、北京、河北、山西、山东、河南、陕西、甘肃、江苏、上海、安徽、浙江、湖北、江西、湖南、福建、台湾、海南、广西、四川、贵州、云南;俄罗斯、朝鲜、韩国、日本、越南、缅甸、老挝、泰国。

❶ 脊婴翅天牛 *Nepiodes costipennis*（别名：脊薄翅天牛）

体长 17 ~ 33 mm。体暗红色或锈红色；鞘翅黑褐色，翅面上纵脊部分红色或黄褐色，有时后胸腹板及腹部黑褐色；触角除基部几节外，大多数节为黄褐色。雄虫触角伸至鞘翅端部，雌虫达鞘翅中部稍后。鞘翅长形，每翅具 4 条十分显著的纵脊纹。

● 观察时间：5—7 月。● 分布：四川、云南、西藏；印度、孟加拉。

❷ 黄角扁角天牛 *Sarmydus subcoriaceus*

体长 17 ~ 23 mm。体棕褐色或红棕色，头、前胸、鞘翅基部和足的颜色较深，触角前 2 节较深暗，其后各节端部黑色。前胸背板横宽，背面密布细颗粒，中部两侧膨大，侧刺突宽短，末端尖，鞘翅表面具 3 条明显纵脊。

● 观察时间：7—8 月。● 分布：西藏；印度、尼泊尔。

❸ 胫刺胸薄翅天牛 *Spinimegopis tibialis*（别名：刺胸薄翅天牛）

体长 21.5 ~ 46 mm。体大，全黑色。触角略短于体，第 3 节最长。前胸背板横宽，密被银灰色细毛，侧面近基部具细长刺突，末端尖锐。小盾片宽圆。鞘翅光亮，具 2 条中等明显的脊，末端圆形。

● 观察时间：7—8 月。● 分布：西藏；印度、不丹、尼泊尔。

❹ 樟扁天牛 *Eurypoda batesi*

体长 19 ~ 40 mm。体型颇宽扁，背面光亮，体棕红色，头部色泽深暗，为赤褐色或黑褐色，触角及上颚黑色至黑褐色。后胸腹板有细密黄毛。触角约伸全鞘翅中部。前胸背板宽扁，前缘略凹，两侧边缘无尖锐锯齿，在中央稍后仅有 1 突角。鞘翅扁平而光亮，几乎与前胸节等宽，分布细密刻点。

● 寄主植物：樟属。● 观察时间：6—9 月。● 分布：青海、浙江、湖北、江西、湖南、福建、广东、海南、广西、四川、贵州、云南；韩国、日本、越南、老挝、泰国。

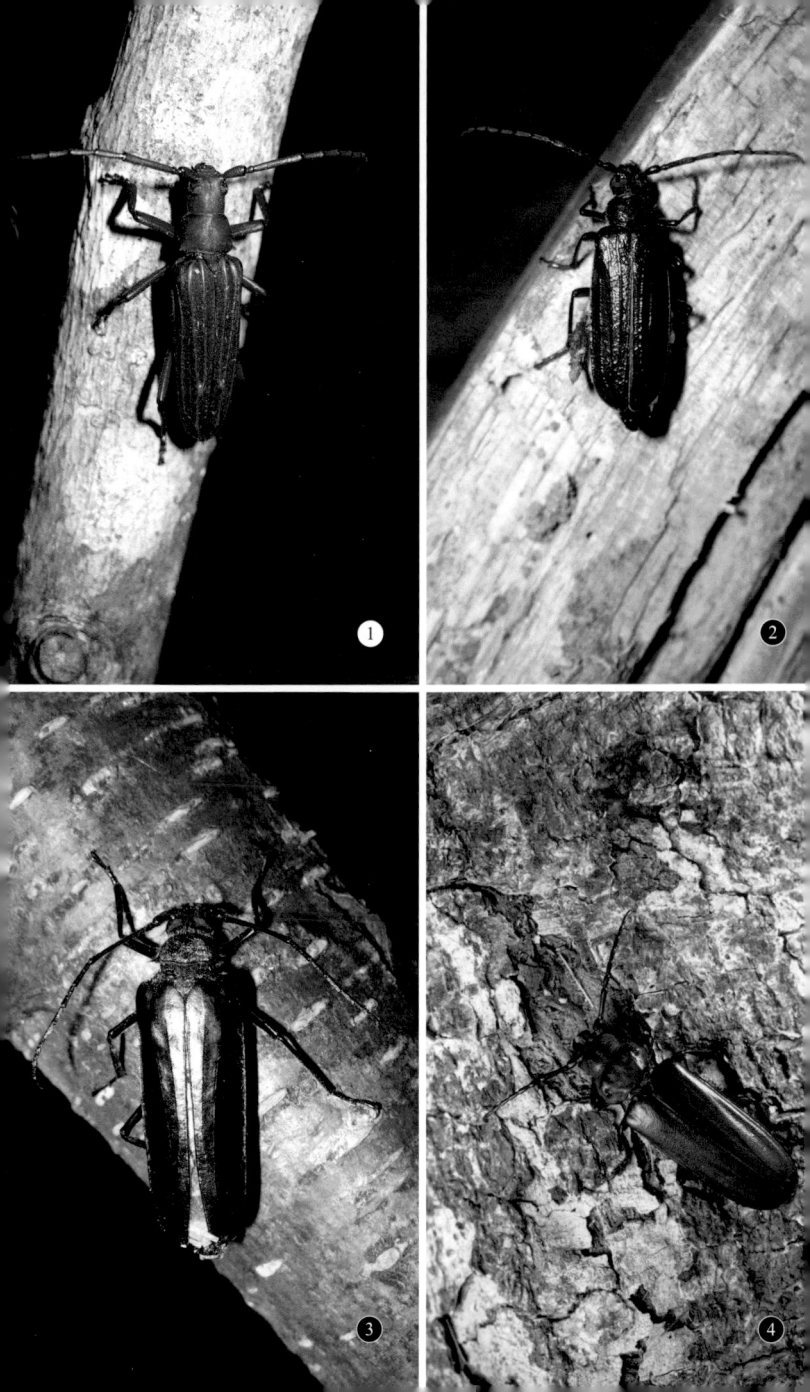

①海南异胸天牛 *Anomophysis hainana*

体长 36 ~ 46 mm。体略扁平，近方形，暗红褐色，腹面颜色稍浅。头部、触角基部 3 节及前足近于黑色，跗节及胫节后缘淡红褐色。触角约为体长的 9/10。前胸横宽，宽约为长的 1.5 倍，两侧缘各具一列尖锐小锯齿，后缘两端各具 3，4 个小齿；中央之前具一横形凹陷，在其两侧端各具一较大的光滑隆起，其外侧各有一很小的光滑区，后缘中央两侧各具一较小而中央相连的光滑隆起，在后缘中线有一纵形浅凹。鞘翅各具 4 条明显的纵脊。

● 寄主植物：橡胶。● 观察时间：1 月，5—7 月。● 分布：台湾、广东、海南、广西、云南；缅甸、越南、老挝、泰国。

②本天牛 *Bandar pascoei*

体长 40 ~ 70 mm。棕红色或棕褐色，头部、前足腿节以及触角基部 3 节赤褐色或几近黑色，中、后足色泽稍淡，有时鞘翅色泽亦较浅淡，呈棕黄色。触角约为体长的 3/4。前胸背板两边向前狭窄，边缘密具尖锐小锯齿，基缘两端亦偶有 1 ~ 2 锯齿。鞘翅有 4 条微弱纵脊，端缘圆形，缝角呈尖齿状。

● 寄主植物：栓皮栎、栗、柿、沙梨、苹果、黄连木、杏、桃。● 观察时间：2 月，5—9 月，12 月。● 分布：河北、陕西、安徽、浙江、湖北、湖南、福建、广东、海南、广西、四川、贵州、云南、西藏；印度、不丹、尼泊尔、缅甸、越南、泰国、马来西亚、印度尼西亚。

③竹土天牛 *Dorysthenes buquetii*

体长 21 ~ 39 mm。体棕褐或棕红色，有时头色泽稍暗，为黑红色，上颚顶端黑色。触角 12 节，雄虫伸至鞘翅端部，雌虫仅达鞘翅中部，柄节粗大，超过复眼后缘；第 3 节最长，外端较圆，不成角状突出；第 4 节外端稍成角状突出；第 5—10 节外端呈锐角突出。前胸背板前缘中央微凹，后缘略呈波状，前、后缘各有一排黄色短缨毛；每侧缘有两个锯齿，大小相近，前齿至前缘有时具几个不规则缺刻，后角稍钝圆，不呈锯齿状突出。鞘翅隐约可见 2 条纵纹。

● 寄主植物：据国外资料记载有竹。● 观察时间：5—7 月。● 分布：广西、云南；印度、尼泊尔、缅甸、老挝、马来西亚、印度尼西亚。

❶ 蔗根土天牛 *Dorysthenes granulosus*

体长 15 ~ 65 mm。体型大，但个体大小差异悬殊，棕红色，前胸背板色泽较深，头部、上颚及触角基部 3 节黑褐色至黑色，有时前足腿节、胫节黑褐色。雄虫触角粗大、扁阔，长达鞘翅末端，第 3—7 节下沿有齿状颗粒；雌虫触角细小，长达鞘翅中部之后。前胸背板宽阔，两侧缘各具 3 个尖锐齿突，中齿向后稍弯下，后齿较小。鞘翅宽于前胸，两侧近于平行，端部渐窄，外端角圆形，缝角垂直；翅面有微弱的皱纹刻点，每翅显出 2 ~ 3 条纵脊线。雄虫前足胫节腹面着生数列齿状突，腹部末节端缘微凹，着生淡色毛。

● 寄主植物：甘蔗。● 观察时间：1—6 月。● 分布：甘肃、青海、浙江、湖北、福建、广东、海南、香港、广西、四川、贵州、云南；印度、缅甸、越南、老挝、泰国、柬埔寨。

❷ 沟翅土天牛 *Dorysthenes fossatus*

体长 28 ~ 42 mm。体黄褐色、棕褐色至黑褐色，头、前胸背板、触角基部 3 节棕红色至黑褐色，有时前、中足略带黑褐色。前胸背板短阔，每侧缘具 2 齿，分别位于前端及中部，前齿较宽大，后角突出。鞘翅两侧近于平行，端部稍狭，外端角圆形，缝角明显；表面密布刻点，较前胸背板刻点为粗，每翅有 2 ~ 3 条纵脊线，中部纵凹沟明显。前胸腹板凸片不向上拱突；第 3 跗节的两叶端部较圆。雄虫后胸腹板具黄色绒毛，仅沿中央有一个纵形无毛区，腹部末节后缘微凹。

● 观察时间：6 月，8 月。● 分布：河南、陕西、青海、浙江、湖北、江西、湖南、福建、海南、广西、四川、贵州。

❸ 多节锯天牛 *Prionus boppei*

体长 30 ~ 35 mm。体红褐色，头、前胸背板和鞘翅基部的颜色稍深。前胸背板光亮，不具绒毛，前、后缘具金黄色纤毛。触角 20 节，略超过鞘翅末端；柄节粗短，端部膨大，长度不超过复眼后缘，第 3 节略长于柄节；从第 3 节起，各节末两侧分别成叶片状，酷似羽毛。前胸背板横宽，侧缘具齿。鞘翅显著宽于前胸，每翅有 4 条不显著纵脊。

● 观察时间：5 月。● 分布：云南、西藏。

1 齿跗锯天牛 *Prionus sifanicus*

体长 18 ～ 28 mm。体宽而扁，全体黑色。触角锯齿状，雄虫触角与体约等长，雌虫触角仅伸达鞘翅近中部。前胸背板横阔，侧缘略形成 3 个钝齿。鞘翅黑亮，隐约可见 3 条纵脊。通常雌虫个体大于雄虫。

● 观察时间：6 月。● 分布：重庆、四川。

花天牛亚科 Lepturinae

花天牛亚科世界记录约 1 500 种，中国记录 7 族 86 属 509 种（其中 7 种含 2 亚种，3 种含 3 亚种，1 种含 4 亚种）。本书收录了 29 种。

2 截翅刺尾花天牛 *Acanthoptura truncatipennis*

体长 12 ～ 13.2 mm。体黑色，鞘翅红褐色，每翅具黑斑 4 个（不算翅端），侧面肩角下 1 个，背面 3 个近圆形，第 1 个最小，后两个大小相等，翅端黑色。触角不达鞘翅中部。前胸背板前窄后宽，前端领状部较明显。小盾片黑色。鞘翅宽，向后渐窄，翅端平截。

● 观察时间：6—7 月。● 分布：云南。

3 滇毛角花天牛 *Corennys sensitiva*

体长 9.7 ～ 18 mm。体黑色，头、前胸背板和鞘翅均密被红色绒毛，触角和足黑色。复眼突出，左右远离。触角与体约等长。鞘翅狭长，向后端 1/4 处稍平截，每翅表面具 2 条纵脊，伸至翅端前方消失，翅端圆。

● 观察时间：6—8 月。● 分布：云南。

❶ 灰绿真花天牛 *Eustrangalis aeneipennis*

体长 13 ~ 15 mm。体红褐色，后头黑色，中央具一条红褐色纵纹，触角红褐色。前胸红褐色，背面具 2 个黑色纵斑（不达前后缘）。小盾片和鞘翅绿色，被灰绿色绒毛。足总体红褐色，胫节和跗节的第 5 节黑褐色。触角略长于体长。前胸背板钟形，后端中央略突出。鞘翅肩角圆钝，向后逐渐变窄，末端斜凹切。

● 观察时间：6—8月。● 分布：陕西、四川、云南；越南。

❷ 刺尾纤花天牛 *Ischnostrangalis apicata*

体长 12.8 ~ 14.3 mm。体黑色，头和前胸黑色，触角前 3 节黑色，第 4—8 节基部淡褐色，端部黑色，第 9 节和第 10 节淡褐色，第 11 节端部黑色。小盾片黑色。鞘翅黑色具 2 个大型淡褐色中央纵斑。足腿节基部淡褐色，端部黑色，胫节和跗节黑色。触角长于体。鞘翅端缘角呈齿状突出，末端尖锐。

● 观察时间：6—7月。● 分布：四川。

❸ 横带纤花天牛 *Ischnostrangalis fasciolata*

体长 14.3 ~ 15 mm。体黑色，头和前胸黑色，触角前 3 节黑色，第 4—8 节基部红褐色端部黑色，第 9—10 节全红褐色，第 11 节端部黑色。小盾片黑色。鞘翅黑色，每翅具 4 个红褐色斑。雌雄腹面有差异，雄虫大部分黑色仅前 4 腹节端部具红褐色斑；雌虫红褐色斑扩大，前 4 腹节仅基部存黑斑。足腿节大部分红褐色，末端黑色。触角长于体。鞘翅端缘角呈齿状突出，末端尖锐。

● 观察时间：7—8月。● 分布：西藏。

❹ 云南大头花天牛 *Katarinia consanguinea*

体长约 10.6 mm。体黑色，头和前胸黑色，触角大部分黑色，第 3—5 节基部血红色，小盾片黑色。鞘翅黑色具 3 个淡褐色斑，第 1 个斑在基部，紧挨小盾片，中等大小；第 2 个斑在侧面，肩角下；第 3 个斑是大型的半圆形环斑，开口向侧缘。足黑色。触角长于体。鞘翅末端圆。

●观察时间：6月。●分布：云南。

❶ 曲纹花天牛 *Leptura annularis*

体长 12 ～ 18 mm。体黑色，密被金黄色有光泽的绒毛；鞘翅底色黑色，具 4 条黄色横纹，第 1 条很弯曲（开口向后），第 2, 3, 4 条黄横纹直，在翅外缘处较狭，内缘处较阔，有时第 2, 3 条在内缘处汇合。触角约为体长的 5/6，雄虫触角第 1—5 节黑褐色，雌虫赤褐色；第 6—11 节黄褐色。前胸前端紧缩，后端阔；前胸背板前后端各有一条横沟。鞘翅基端阔，末端狭，后缘斜切，外端角不突出，足赤褐色到黑褐色。

● 寄主植物：云杉、冷杉、松、雪松。● 观察时间：5—8 月。● 分布：黑龙江、吉林、辽宁、内蒙古、河北、山西、山东、陕西、甘肃、浙江、江西、四川；蒙古、朝鲜、日本、俄罗斯、哈萨克斯坦、欧洲。

❷ 十二斑花天牛 *Leptura duodecimguttata*

体长 11 ～ 18 mm。体黑色，每个鞘翅有 6 个黄褐色小斑纹，靠中缝从基部至中部稍后有一列 3 个斜斑，近侧缘有一列 2 个小斑点，端部为 1 个横斑；头、胸被灰黄色绒毛，鞘翅绒毛稀而短，体腹面密生绒毛。触角一般达鞘翅中部稍后；前胸背板前端窄，后端宽。小盾片三角形，着生极细密刻点。鞘翅刻点细密，端缘凹切，外端角尖锐，缝角明显，腹部末节长胜于宽，突出于鞘翅之外。

● 观察时间：5—8 月。● 分布：黑龙江、吉林、辽宁、内蒙古、北京、河北、河南、陕西、青海、浙江、福建、四川；蒙古、朝鲜、韩国、日本、俄罗斯、哈萨克斯坦。

❸ 纳西花天牛 *Leptura naxi*

体长约 12.9 mm。体黑色，每个鞘翅有 4 个黄褐色斑纹：前 2 个斑位于基部，横向排列；第 3 个斑位于中央，成开口向侧边的半圆环斑，内侧半圆形，外侧不太规则，时而扩大时而缩窄，近鞘缝处形成平行于鞘翅的直线；第 4 个横斑位于端部之前，中等大小，不接触鞘缝和边缘。触角一般达鞘翅中部。前胸背板前端窄，后端宽。小盾片三角形。鞘翅刻点细密，端缘略凹切不具齿。

● 观察时间：6 月。● 分布：云南、西藏。

❶ 红斑花天牛 *Leptura rufomaculata*

体长 16 ~ 24 mm。头和前胸黑色，触角大部分黑色，基部几节暗红褐色。鞘翅暗红褐色具 4 个亮黄色斑。足大部分暗红褐色，仅腿节端部和跗节黑色。雄虫触角约等于体长，雌虫触角仅达鞘翅中部。鞘翅末端平切；雌虫腹部末节外露。本种曾被作为中国新记录种报道为拉维花天牛（*Leptura lavinia*）。雌虫具体描述可参考该文。本书收录图片为雄虫。

● 观察时间：7—8 月。● 分布：云南、西藏；印度、尼泊尔、越南。

❷ 康定花天牛 *Leptura tatsienlua*

体长约 16 mm。体黑色，每个鞘翅有 4 个黄褐色斑纹，第 1 个位于基部，不接触鞘缝和边缘；第 2 个位于中央之前，不接触鞘缝，略呈波浪状；第 3 个位于中央之后，呈与第 2 个斑方向相反的波浪状；第 4 个位于端部之前，非常靠近鞘缝和边缘。触角短于体长。前胸背板前端窄，后端宽。小盾片三角形，黑色。鞘翅刻点细密，端缘略凹切。

● 观察时间：7 月。● 分布：四川、西藏。

❸ 裸花天牛 *Nivellia sanguinosa*（别名：红翅裸花天牛）

体长 10 ~ 15 mm。体黑色，鞘翅暗朱红色。触角向后伸展，雌虫较短，不到达鞘翅末端，雄虫则超过末端；第 5 节最长，超过第 3 节。前胸前窄后宽，两侧缘中部浅弧形，靠近前端及基部略为紧缩，后缘中部向后稍为突出，呈浅弧形，胸面两侧略为隆起。小盾片略呈盾状，黑色，被黄色绒毛。鞘翅前宽后窄，后缘圆钝，翅面刻点细小而稀疏，被短小稀疏的黑色绒毛。腹面刻点微细，被灰黄色细绒毛。足中等大小，后足第 1 跗节约为第 2、第 3 跗节总长的 2 倍。

● 寄主植物：枞、冷杉、松等。● 观察时间：6—8 月。● 分布：黑龙江、吉林、辽宁、内蒙古、河北、河南、甘肃；俄罗斯、蒙古、朝鲜、日本、哈萨克斯坦、欧洲。

❶ 肿腿花天牛 *Oedecnema gebleri* （别名：桦肿腿花天牛）

体长 11 ~ 17 mm。体黑色，鞘翅黄褐色或黄色。每个鞘翅具大小不一的 5 个黑色圆斑，前端 3 个较小，分别位于侧缘、中央及靠近中缝处，略呈三角形排列；中部及后端各有一个较大的圆斑。体背被覆灰黄色绒毛，以胸部绒毛较长而密，腹面着生稀疏较短的灰褐色绒毛。额中央有一条细纵凹线，头刻点细密；触角着生处彼此较远离，雄虫触角长达鞘翅末端，雌虫稍短。前胸背板前端紧缩，后端宽。小盾片三角形。鞘翅端缘微凹切。雄虫后足腿节膨大，胫节扁阔，弯曲，端部内沿呈刺状突出。

● 观察时间：5—8 月。● 分布：黑龙江、吉林、内蒙古、河北、新疆、福建；俄罗斯、蒙古、朝鲜、韩国、日本、哈萨克斯坦、欧洲。

❷ 双条异花天牛 *Parastrangalis meridionalis*

体长约 8 mm。体黑色，头和前胸背板黑色，触角大部分黑色，第 9，10 节颜色变淡，尤其是基部。小盾片黑色。鞘翅黑色，具 2 条黄褐色纵斑。足腿节基部黄褐色，端部淡黑褐色，胫节和跗节黑色。腹面黑色。

● 观察时间：4 月。● 分布：湖北、福建、广东。

❸ 长尾花天牛 *Pygostrangalia kwangtungensis* （别名：广东长尾花天牛）

体长 16 ~ 19 mm。体极瘦长，后部狭窄，黄褐色，被黄褐色毛。触角黑色，足大部分黄褐色，部分黑色。鞘翅黄褐色，在中点之前的侧缘各具一黑色半圆形斑点，雄虫翅末端黑褐色，雌虫翅侧缘自中点之后至翅端黑褐色。头部自复眼后紧缩呈颈状；触角细长，略超过鞘翅末端。前胸钟形。雄虫鞘翅极狭长，雌虫略宽，侧缘显著内凹，中点之后最窄，两翅端部分开，末端斜截。腹部细长，雄虫第 4，5 腹节及雌虫第 5 腹节常外露，雄虫第 5 腹节整个腹面极深地凹陷，两侧缘呈薄片状隆起甚高，后缘呈角状深凹，雌虫第 5 腹节扁平，仅末端浅凹，后缘微凹。

● 观察时间：5—7 月。● 分布：江西、湖南、福建、广东、海南。

1 黑角伞花天牛 *Aredolpona succedanea*

体长 12 ～ 22 mm。体黑色，头、触角、小盾片和足黑色，前胸和鞘翅赤褐色。雌虫触角接近鞘翅中部，雄虫则超过中部，第 3 节最长。前胸长度与宽度约略相等，两侧缘呈浅弧形，前部最窄，中域隆起。小盾片呈三角形。鞘翅肩部最宽，向后逐渐狭窄，后缘斜切，被黄色竖毛。足中等大小，有灰黄色细毛，后足第 1 跗节长约为第 2、第 3 跗节总长的 1.5 倍以上。

● 寄主植物：赤杨、松。● 观察时间：6－8 月。● 分布：黑龙江、吉林、北京、河北、陕西、安徽、浙江、湖北、江西、湖南、福建、四川；俄罗斯、朝鲜、韩国、日本。

2 蚤瘦花天牛 *Strangalia fortunei*

体长 11 ～ 15 mm。本种体侧较扁，略呈弧状，背面显著凸起，尾端尖，延伸于鞘翅之外。因其外貌上很似花蚤得中文名蚤瘦花天牛。体棕褐色或黄褐色，触角、复眼、下颚须端节、后足腿节端部，中、后胫节末端，中、后跗节，腹部端节及鞘翅黑色；鞘翅基部棕褐色，触角柄节背面及端部六节、前足跗节黑褐色，柄节下面黄褐色；体背面被黑褐色短毛，体腹面着生金黄色绒毛。雄虫触角长达鞘翅端部，雌虫则稍短。

● 观察时间：6－8 月。● 分布：辽宁、北京、天津、河北、河南、江苏、上海、安徽、浙江、湖北、江西、湖南、福建、广东、广西、重庆、四川、贵州。

3 黄胫胖花天牛 *Brachyta bifasciata*

体长 15 ～ 20 mm。体黑色，鞘翅黄褐具黑色斑纹，近小盾片的翅基缘黑色。鞘翅基部约 1/4 的近中缝处及鞘翅侧缘的中部，各有一个黑色小斑点，有时侧缘基部尚有一个黑色小斑点，此 3 个黑点位置略成三角形，中部之后有黑色横斑及端部黑斑，两斑在侧缘相互连接；触角第 2—5 节，胫节大部分为黄褐色；头、胸密生粗短黑褐色绒毛。触角粗短，一般伸至鞘翅中部稍后，雌虫略短，柄节粗大。前胸背板前端窄，后端宽；侧缘中部之前瘤突明显。

● 寄主植物：成虫食芍药。● 观察时间：5—7 月。● 分布：黑龙江、吉林、辽宁、内蒙古、河北、甘肃、青海、四川、西藏；俄罗斯、蒙古、朝鲜。

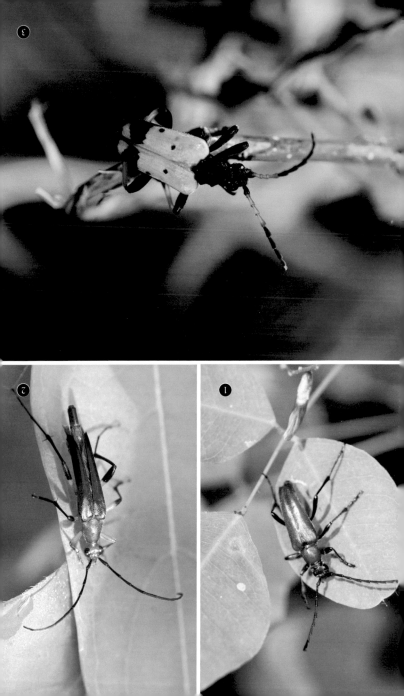

❶ **小截翅眼花天牛** *Dinoptera minuta*

体长 6 ~ 7 mm。体黑色，鞘翅深蓝色具光泽。头略宽于前胸背板前端，正中有一条纵线，密布细刻点及着生少许灰色绒毛；触角一般较细，延伸至鞘翅中部之后，第 3 节同柄节等长。前胸背板长略胜于宽，前端窄，无前横沟，后端宽，中部稍膨阔，胸面中央有细纵凹线，分布稀疏细刻点及着生灰褐色绒毛。鞘翅显著宽于前胸，卵圆形，翅端缘圆弧形，翅面密布细刻点及微具皱纹，着生黑色短毛。

● 寄主植物：楝木属（灯台树）。● 观察时间：3—7 月。● 分布：黑龙江、吉林、辽宁、内蒙古、北京、河北、山西、山东、河南、陕西、宁夏、浙江、江西、广西；俄罗斯、朝鲜、韩国、日本。

❷ **凹缘金花天牛** *Gaurotes ussuriensis*

体长 10 ~ 13 mm。体黑色，鞘翅墨绿色，稍带红铜色，触角端部 7 节、腿节前部及胫节大部分红褐色，体被淡黄色绒毛，鞘翅绒毛较稀。触角细，一般长达鞘翅中部之后。前胸背板长同宽近于相等，前端稍窄，侧缘中部之前略瘤突，有前、后浅横沟，中区两侧稍拱隆，中央有一条细纵凹线，胸面具粗密皱纹刻点。鞘翅肩宽，后端较狭，端缘凹切，外端角钝，缝角较尖，翅面有皱纹的粗密刻点。

● 观察时间：6 月。● 分布：黑龙江、吉林、辽宁、北京、河北；俄罗斯、朝鲜。

❸ **黑胸瘤花天牛** *Gaurotina superba*

体长 14 ~ 17 mm。体红褐色，鞘翅翠绿色，稍带黄铜色，触角黑色，头和前胸背板大部分、腿节端部、胫节基部和跗节黑色，其余部分红褐色。触角细，一般长达鞘翅中部之后。鞘翅肩宽，后端较狭，端缘圆形。雌虫鞘翅未能盖住整个腹部，常有末两节暴露在鞘翅之外。

● 观察时间：5—7 月。● 分布：陕西、甘肃、四川、云南。

① **双斑厚花天牛** *Pachyta bicuneata*

虫体中等大小，体长 13 ～ 18 mm。体黑色，鞘翅棕黄色，末端具长三角形黑斑，有时缺如。触角黑褐色，基瘤大而明显，两瘤间有深沟；雌虫触角长度不超过体长之半，雄虫触角略超过体长。小盾片黑色，被灰色毛。鞘翅基部最宽，逐渐向体后方缩小，末端切平。足细长，被棕灰色绒毛，腿节不特别膨大。腹部黑色，密被棕灰绒毛，微自鞘翅末端露出。

● 寄主植物：松、雪松（常出现在伞形花科的花上）。● 观察时间：6—8 月。● 分布：黑龙江、吉林、陕西、甘肃；俄罗斯、蒙古、朝鲜。

② **猫厚花天牛** *Pachyta felix*

体长 17.6 ～ 20.3 mm。体黑色，鞘翅黑色具 2 个黄褐色斑纹，一个在基部紧挨着小盾片附近，略呈圆形；一个在中部稍后，波浪状（有点像闪电的符号），既不解除鞘缝也不接触边缘。触角黑色，雌虫触角长度不超过体长之半，雄虫触角略超过体长，小盾片黑色。鞘翅基部最宽，逐渐向体后方缩小，末端切平。足细长，被棕灰色绒毛，腿节不特别膨大。腹部黑色，密被棕灰色绒毛，微自鞘翅末端露出。

● 观察时间：6 月。● 分布：云南、西藏。

③ **松厚花天牛** *Pachyta lamed*

体长 10.5 ～ 22 mm。性二型，雌雄成虫在鞘翅颜色、斑纹及体形等方面有较大的差异。体黑色，鞘翅雄虫红褐色，单色无斑纹；雌虫麦秆黄色，每翅有 2 个大型、不规则的褐色斑，有时弱显，常较模糊。雄虫触角超过鞘翅中部，雌虫不到鞘翅中部，柄节弯曲。前胸背板侧缘具圆锥形瘤突。鞘翅基部宽，端部狭，雄虫比雌虫收缩更明显，雄虫鞘翅较窄长，雌虫较宽短，雄虫端缘凹切，端角尖而突出，雌虫端缘斜切，端角钝圆。

● 寄主：云杉。● 观察时间：6—8 月。● 分布：内蒙古、吉林、山西、甘肃、青海、新疆；俄罗斯、蒙古、朝鲜、韩国、日本、欧洲。

❶ 黑胸驼花天牛 *Pidonia gibbicollis*

体较小，体长 9 ~ 12 mm。黄褐色；头、胸、小盾片及腹面黑色；鞘翅沿中缝及近侧缘，由肩端至后部各有一条黑纵纹，端缘黑色；通常腿节后半部黑色；触角自第 5 节起，各节端末暗褐色。雄虫触角长度稍超过鞘翅，雌虫略短，长达鞘翅中部之后，第 5 节最长。前胸背板长度同宽度近于相等，前端窄，后端宽，胸面拱凸，密布刻点及着生黄色绒毛。鞘翅显著宽于前胸，两侧近于平行，后端稍窄，端缘弧形。

● 观察时间：5—8 月。● 分布：黑龙江、吉林、辽宁；俄罗斯、蒙古、朝鲜、韩国、日本。

❷ 山地驼花天牛 *Pidonia orophila*

体长 8.3 ~ 9.6 mm。跟黑胸驼花天牛相似但黑色部分更多，头、胸、小盾片及腹面黑色；鞘翅沿中缝及近侧缘，由肩端至后部各有一条黑纵纹，端缘黑色，所有的纵纹都比黑胸驼花天牛更粗大，且中缝那条前端宽，向后逐渐变窄，合起来像个楔形。通常腿节后半部黑色，触角总体黑褐色，但柄节和第 2 节红褐色。触角长度稍超过鞘翅，第 5 节最长。前胸背板前端窄，后端宽，胸面强烈拱凸。鞘翅显著宽于前胸，两侧近于平行，后端稍窄，端缘弧形。

● 观察时间：7 月。● 分布：云南。

❸ 肩花天牛 *Rhondia pugnax*

体长 11 ~ 13 mm。头、胸和小盾片红褐色，鞘翅亮黄色，触角和足黑色。头部狭小，复眼卵圆形突出，不包围触角基部；触角伸达鞘翅一半左右；头顶背方中央具细纵沟，两侧隆起，头部背面及前胸背板光亮；前胸背板前端领状部非常明显，前缘向外敞开。鞘翅前端宽，在肩角后具刺状突部分最宽，然后向后显著缩窄，近后端宽度只有前端的 2/3 左右。刺状突长而尖锐，刺端黑色，翅端圆。

● 观察时间：6—7 月。● 分布：广西、四川、西藏；印度、缅甸。

❶ 东北脊花天牛 *Stenocorus amurensis*

体长 13 ~ 20 mm。体型略狭长。鞘翅栗壳色，其他部分黑褐色至黑色。鞘翅背面隐约具 3 条灰色绒毛纵条纹。触角超过鞘翅中部，柄节短于第 3 节，长于第 4 节，第 4 节短于以后各节。前胸背板前端具领状部，后缘稍宽于头，两后角角不尖突。鞘翅肩部远宽于前胸，向后逐渐狭窄，翅端平切。

● 观察时间：7 月。● 分布：黑龙江、吉林、辽宁、北京；俄罗斯，朝鲜，韩国。

❷ 藏特勒天牛 *Teledapus celsicola*

体长 11.6 ~ 17.8 mm。体型狭长，全体红褐色或暗褐色，无斑纹。触角超过鞘翅中部，柄节短于第 3 节，长于第 4 节，第 5 节长于第 4 节。前胸背板前端无明显领状部。鞘翅肩部稍宽于前胸，向后很细微地变宽，翅端圆形，整体看来鞘翅略呈长椭圆形。足中等长，腿节略呈棒状。

● 观察时间：7 月。● 分布：西藏。

椎天牛亚科 Spondylidinae

椎天牛亚科和天牛亚科不好区分，世界记录近 100 种，中国记录 3 族 8 属 31 种。本书收录了 4 种。

❸ 弧凹梗天牛 *Arhopalus biarcuatus*

体长 24 mm 左右。雄虫体较大，长形，背腹稍扁平。栗黑色至暗棕褐色，呈油脂光泽，头、胸黑褐色，复眼黑色。体背面薄被灰黄色细短毛。体腹面被灰黄色细长毛，后胸腹板上绒毛最长且浓密。触角伸至鞘翅中部之后。前胸背板宽胜于长，两侧缘弧形，表面有一对弧形深凹，位于中央两侧。鞘翅宽于前胸，两侧近于平行，后端略窄，端缘圆形，每翅有 3 条纵脊，外侧一条不明显。

● 观察时间：8 月。● 分布：西藏。

❶ 脊鞘幽天牛 *Asemum striatum*

体长 8 ~ 23 mm。体黑褐色，密生灰白色绒毛，触角和足较红褐色。触角短，长度只达体长之半，柄节粗短，第 3 节稍长于柄节和第 4 节，第 5 节长于第 3 节。前胸背板两侧弧形突出，乍一看前胸圆形，背板中央少许向下凹陷。小盾片长，黑褐色。鞘翅长，末端圆，翅面上具纵隆起线。足短，腿节略呈棒状。

● 观察时间：4—8 月。● 分布：黑龙江、吉林、辽宁、内蒙古、北京、新疆、浙江；俄罗斯、蒙古、朝鲜、韩国、日本、吉尔吉斯斯坦、哈萨克斯坦、土耳其、欧洲。

❷ 塞幽天牛 *Cephalallus unicolor*（别名：赤梗天牛）

体长 13 ~ 28 mm。体较狭窄，赤褐色，触角及足色泽较暗，栗褐色，体被灰黄色短绒毛。雄虫触角稍超过体长，柄节较长，伸至复眼后缘；雌虫则伸至鞘翅中部之后，柄节稍短，不达复眼后缘，基部 5 节较粗，以下各节较细，下沿密生缨毛。前胸背板长略胜于宽，两侧缘微圆弧；胸面中央有一个浅纵凹洼，雌虫凹洼更浅。鞘翅具细密皱纹刻点，每个鞘翅显现 3 条纵脊线，缝角细刺状。

● 观察时间：3—9 月。● 分布：吉林、河南、江苏、上海、浙江、湖北、江西、湖南、福建、台湾、广东、海南、香港、四川、贵州、云南；蒙古、朝鲜、韩国、日本、印度、缅甸、老挝。

❸ 椎天牛 *Spondylis buprestoides*（别名：短角幽天牛）

体长 10 ~ 25 mm。体略呈圆柱形，完全黑色。触角短，雌虫约达前胸的 2/3，雄虫约达前胸后缘；第 1 节长略呈圆柱形；第 2 节最短，球形；第 3—11 节扁平，除末节狭长外，各节呈盾形。前胸前端阔，后端狭，两侧圆，沿前后缘镶有很短的金色绒毛。鞘翅基端阔，末端稍狭，后缘圆。

● 寄主植物：马尾松、日本赤松、柳杉、日本扁柏、冷杉及云杉等。
● 分布：东北、内蒙古、北京、河北、江苏、安徽、浙江、福建、台湾、广东、云南；欧洲、俄罗斯、朝鲜、日本。

膜花天牛亚科 Necydalinae

膜花天牛亚科只分2个属，其中膜花天牛属世界记录约70种，中国记录2属22种。蜂花天牛属已知2种，中国记录1种。本书收录了2属3种。

1 察隅膜花天牛 *Necydalis* sp.1

本种体色较亮，非常美丽。触角、鞘翅和足呈红褐色，头、胸和腹面黑色。图片拍摄自西藏察隅地区。

● 观察时间：7月。 ● 分布：西藏。

2 雅鲁藏布膜花天牛 *Necydalis* sp.2

本种体色偏暗，鞘翅和足呈红褐色和黑褐色，其余部分黑色。图片拍摄自西藏雅鲁藏布大峡谷地区。

● 观察时间：6—7月。 ● 分布：西藏。

3 黄腹蜂花天牛 *Ulochaetes vacca*

体长21～28 mm。体长形，粗大，鞘翅短缩，大部分膜翅外露。雌雄色彩差异较大。雄虫几乎全黑色，仅胫节基半部淡黄褐色。雌虫前胸背板（有时）、小盾片和鞘翅黄褐色，被金黄色绒毛，鞘翅绒毛略带丝光。头、触角、前胸背板（有时）、胸部腹面、腿节、胫节末端1/3处及跗节黑色，触角第3，4，5节基部或多或少带褐色，胫节大部分及腹部淡黄褐色，胸部前3节的各节后缘中部黑褐色。后头具一对倒刺突。触角较细，雄虫超过体长，雌虫触角伸至腹部第2节左右，柄节梢粗，雄虫第4节中部之前突然扩大，从此之后的触角密被茸毛。鞘翅十分短缩，不超过后胸腹板后缘，小盾片之后中缝开始分开，至翅端1/3处显著收狭，端缘略斜切，呈现一个宽钝角；膜翅大部分不被鞘翅覆盖，端部不折叠。

● 观察时间：7—8月。 ● 分布：陕西、四川、云南、西藏；不丹。

锯花天牛亚科 Dorcasomalinae

锯花天牛亚科世界记录超过 300 种，中国记录 1 族 4 属 12 种。本书收录了 1 属 1 种。

① 台突花天牛 *Formosotoxotus sp.*

与同属其他种类相比，本种相对大个。本种浑身披着金褐色的丝光绒毛，前胸背板具有明显的 4 个凸起，相当漂亮。

● 观察时间：8 月。● 分布：西藏。

天牛亚科 Cerambycinae

天牛亚科世界记录约 11 000 种，中国记录 29 族 171 属 1 057 种（其中 19 种有 2 亚种，5 种有 3 亚种，2 种有 4 亚种，1 种有 6 亚种）。本书收录了 42 属 85 种。

② 短脊扁腿天牛 *Nortia geniculata*

体长 18 ~ 30 mm。体长形，背腹扁平。棕红、棕褐至黑褐色，头胸栗褐色至黑褐色，腹面棕红色；触角红褐色，足黄褐色，腿节末端大约 1/6 为黑色。触角细长，略扁，向末端渐细，触角超过体长的 1/3（雄）或略超过鞘翅末端（雌）。前胸背板两侧缘微弧形，中央有一条弱的纵脊。鞘翅长形端缘圆形。

● 观察时间：4—8 月。● 分布：海南、广西；越南。

③ 云南纹虎天牛 *Anaglyptus ambiguus*

体长 13.3 mm 左右。体黑色，具黄褐色或黑色绒毛。头黑色，触角红褐色，各节端部具黑色环纹；前胸黑色，被黄褐色毛，具黑斑；鞘翅红褐色被黄褐色绒毛，具纵向排列的 4 个黑斑；足红褐色，腿节膨大部分背面黑褐色。触角雌虫约为体长的 5/6，雄虫略超过翅端。

● 观察时间：7—8 月。● 分布：云南。

① **孔纹虎天牛** *Anaglyptus confusus*

　　体长 12.6 mm 左右。体黑色及红褐色，具白色至黄褐或黑色绒毛。头黑色，密被黄褐色毛；触角红褐色，具白色毛，各节端部色较暗；前胸黑色被黄褐色毛，中间显 2 个黑斑；鞘翅黑色具 4 个显著的白色毛横带，翅端黑色；腹面黑色，足腿节黑色，胫节和跗节黑褐色。触角超过翅端。鞘翅比前胸宽，向后稍狭窄，末端平截，缘角具齿。腿节端部略膨大，后足腿节不超过翅端。

　　● 观察时间：6—7 月。● 分布：云南、西藏。

② **邻纹虎天牛** *Anaglyptus vicinulus*

　　体长 9.9 ~ 11.8 mm。体黑色及红褐色，具灰白色绒毛。头黑色，触角红褐色，柄节和各节端部略暗色；前胸黑色；鞘翅显示复杂的白色、黑色和红褐色间杂的斑纹；腹面黑色密被灰白色绒毛，足腿节端部黑色，腿节基部、胫节和跗节红褐色。触角长度与体长相差无几。鞘翅比前胸宽，向后稍狭窄，外端角长而尖锐。腿节端部略膨大，后足腿节不超过翅端。

　　● 观察时间：5—7 月。● 分布：北京、陕西、甘肃、湖北、四川。

③ **斯拟虎天牛** *Paraclytus scolopax* （别名：斯纹虎天牛）

　　体长 14.5 mm 左右。体黑色及褐色，具白色至黄褐色或黑色绒毛；头黑色，前端部分密被黄褐色毛；触角棕色，具黄褐色毛，各节端部色较暗；前胸黑色密被黄褐色毛。鞘翅褐色具难以描述的黑色斑纹，其中近端部的黑色斑纹呈波浪状并覆盖有黄褐色毛，鞘翅末端具较密的白色长毛。足棕褐色，具黄褐色毛，腿节端部具淡白色毛。头部短，比前胸狭窄，触角长度与体长相差不大。鞘翅比前胸宽，向后稍狭窄。腿节端部略膨大，后足腿节不超过翅端。

　　● 观察时间：6—7 月。● 分布：甘肃、四川。

1 白角拟虎天牛 *Paraclytus apicicornis*

体长 12.2 ~ 14.4 mm。体较小，黑色，鞘翅有白色或黄色绒毛斑纹；触角柄节、端部 5 节及足黄褐色。雄虫触角长达鞘翅端部，雌虫触角稍短，第 3 节长于第 4 节，第 3，4 节端部内方具刺。前胸背板两侧呈圆弧形，后端紧缩。每个鞘翅斑纹分布如下：第 1 斑为不规则横斑，位于基缘；第 2 斑为斜斑，位于小盾片之后，合起来呈"八"字形；第 3 斑为短斜斑，靠近中部之前的侧缘；第 4 斑为短横斑，位于中部，靠近中缝；第 5 斑为波状横带，紧接第 4 斑之后；第 6 斑为端部较宽斑纹。

● 观察时间：5—6 月。● 分布：陕西、甘肃、湖南、福建、广西、四川、贵州。

2 滇拟虎天牛 *Paraclytus emili*

体长 10.7 ~ 12.7 mm。体红褐色至黑褐色，因密被白色毛而显示复杂的白色斑纹；触角黑褐色被白色毛，端部 2 节呈红褐色；前胸背板红褐色，白色绒毛在前后缘和两侧较密集。触角短于体长，第 3 节略长于第 4 节。前胸背板不像上一种那样后端紧缩。鞘翅斑纹不规则，呈现零散无序的白色散点，仅端部较宽斑纹较显著，前缘呈波浪状。足中等长，腿节棒状。

● 观察时间：6—7 月。● 分布：云南。

3 桃红颈天牛 *Aromia bungii*

体长 24 ~ 40 mm。体亮黑色，胸部棕红色，有光泽；触角及足黑蓝紫色，头黑色，腹面有许多横皱。头顶部两眼间有深凹，触角基部两侧各有一叶状突起，尖端锐。前胸有不明显的粗糙点；侧刺突明显，尖端锐。前胸背面有 4 个富有光泽的光滑瘤突。前、后缘亮黑蓝色。雄虫前胸腹面密布刻点，触角比身体长，雌虫前胸腹面无刻点，但密被横皱，触角与体长约相等。小盾片黑色略向下凹而表面平滑。鞘翅表面十分光滑有 2 条纵纹但不清楚，肩部突起不显著。

● 寄主植物：桃、杏、樱桃、郁李、梅、苹樱、清水樱、柳。● 观察时间：6—8 月。● 分布：黑龙江、吉林、辽宁、内蒙古、北京、河北、山西、山东、河南、陕西、甘肃、江苏、安徽、浙江、湖北、湖南、福建、广东、海南、香港、广西、重庆、四川、贵州、云南；朝鲜、韩国。

❶ 杨红颈天牛 *Aromia orientalis*

体长 16 ~ 32 mm。体深绿色，前胸背板赤黄色，前后两缘则呈蓝色，有光泽，触角及足为蓝黑色，头部蓝黑色。腹面有许多横皱，头顶部两眼间有深凹，触角柄节端部有一叶状突起，尖端锐。前胸背板近后缘处有两个瘤突，侧刺突亦明显。雄虫触角比身体长，雌虫触角和体长约相等。小盾片黑色，光滑，略向下凹。鞘翅密布刻点和皱纹，各有 2 条纵隆线，在近翅端处消失。

● 寄主：杨、柳类。● 观察时间：7—8 月。● 分布：黑龙江、吉林、辽宁、内蒙古、甘肃、北京、河北、陕西、河南、浙江、福建；俄罗斯、蒙古、朝鲜、韩国、日本。

❷ 皱绿柄天牛 *Aphrodisium gibbicolle*

体长 18 ~ 35 mm。体蓝绿色，有光泽；头、胸光泽更显著。鞘翅深绿色，光泽较暗；腹面绿色，被有银灰色绒毛；足和触角蓝黑色，但足的颜色存在多种变异。雌虫触角与体长约相等，雄虫触角较身体略长。前胸面密布皱纹，大部分是横向，只有在靠近前缘的两个瘤突和靠近后缘的两个瘤突上的皱纹呈环状；侧刺突端部尖，上面皱纹较少。每一鞘翅中央有一条暗纵带。

● 寄主植物：柑橘类。● 观察时间：5—6 月。● 分布：江苏、安徽、浙江、江西、湖南、福建、台湾、广东、海南、四川、贵州、云南；印度、孟加拉、越南、老挝、泰国、柬埔寨。

❸ 中华柄天牛 *Aphrodisium sinicum*

体长 15 ~ 26.5 mm。体绿色，头、前胸背板深绿色；鞘翅墨绿色，端部带蓝黑色；触角黑褐色，柄节略蓝黑色；前、中足蓝色，后足紫罗兰色；体腹面绿色，被覆银灰色绒毛。触角柄节密布刻点，外端角具刺较短钝，第 3 节 2 倍长于柄节，第 5—10 节外端角较尖锐。前胸背板宽于长，前、后缘有横凹沟，侧刺突较小而短钝。中区有细密刻点，两侧具皱纹刻点，沿中央有一条光滑无毛纵线，纵线两侧着生黑色短绒毛。鞘翅长形，端缘尖圆。

● 寄主植物：栎属。● 观察时间：6—7 月。● 分布：浙江、湖北、福建、广东、四川、云南；缅甸、老挝。

❶ 黄颈柄天牛 *Aphrodisium faldermannii*

体长 18 ~ 42 mm。头部蓝绿色或紫绿色，有光泽；胸部亮黄色或亮红色，前后缘蓝绿色或紫绿色；鞘翅基部及小盾片蓝绿色，鞘翅大部呈赭石色；触角基部几节蓝绿色或紫绿色，端部几节黄褐色；足蓝绿色富有光泽，跗节黄色。前胸短而阔，侧刺突尖端锐，前胸背板有 5 枚光亮瘤突。鞘翅端部圆形。

● 寄主植物：桃。● 观察时间：5—7 月。● 分布：内蒙古、华北、江苏、浙江、江西、福建、广东、贵州、云南；俄罗斯、蒙古。

❷ 松长绿天牛 *Chloridolum laotium*

体长 16 ~ 35.5 mm。体绿色，触角及足金属蓝色。触角远长于体长，触角柄节粗短，末端略有突齿，不及第 3 节一半长，第 3，4 节长度约等，第 5 节较长。前胸背板两侧缘刺突中等大小。

● 观察时间：3—10 月。● 分布：海南、云南；老挝。

❸ 网点长绿天牛 *Chloridolum jeanvoini*

体长 13 ~ 17 mm。体狭长，头金属蓝绿色，头顶蓝紫色。前胸背板绿中带点红，两侧缘金属蓝绿色；小盾片蓝黑色；鞘翅绿色；触角及足蓝色略带紫光。触角柄节粗短，第 3 节长于第 4 节。前胸背板长略胜于宽，两侧缘刺突中等大小。鞘翅基部宽，向后稍狭，末端圆。

● 观察时间：3—5 月。● 分布：广东、海南、广西；越南、老挝。

❹ 红缘长绿天牛 *Chloridolum lameeri*

体长 10.5 ~ 17.5 mm。体狭长，头金属绿色或带蓝色，头顶紫红色。前胸背板红铜色，两侧缘金属绿色或蓝色；小盾片蓝黑色带紫红色光泽；鞘翅绿色或蓝色，两侧红铜色；触角及足紫蓝色，体腹面蓝绿色，被覆银灰色绒毛。触角柄节端部膨大，表面密布刻点，背面由基部至端部有一条浅纵凹，第 3 节长于第 4 节。

● 观察时间：5—7 月。● 分布：山东、河南、陕西、甘肃、江苏、上海、安徽、浙江、湖北、江西、湖南、福建、台湾、广西、云南；韩国。

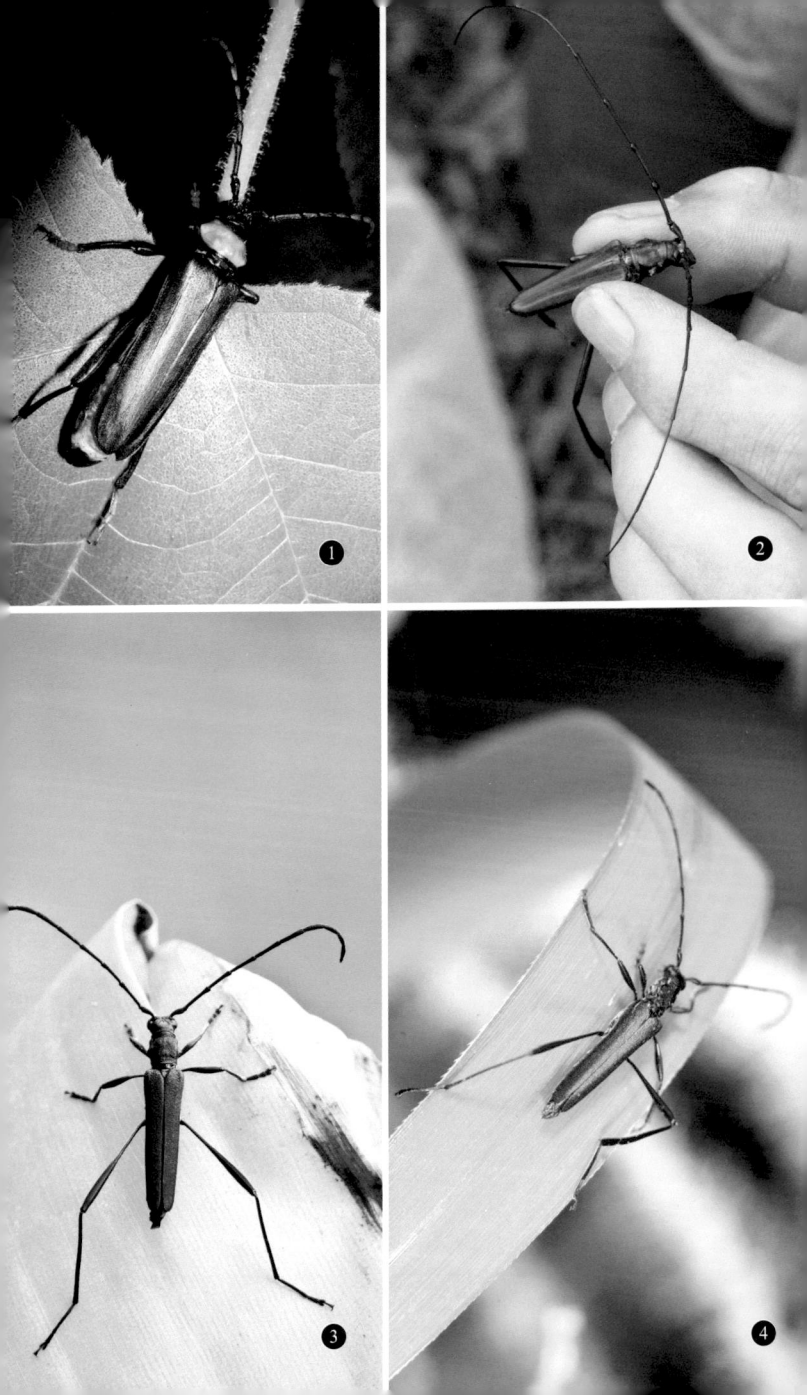

❶ 黄带黑绒天牛 *Embrikstrandia unifasciata*

体长 18 ~ 29 mm。体黑色稍带紫罗兰色，每个鞘翅基部之后至中部稍后有一条黄褐色宽横带。触角端部 7 节黄褐色，鞘翅黑蓝色部分着生黑色短绒毛，黄褐色横带部分着生淡黄色短绒毛；体腹面被覆银灰色绒毛。前胸背板侧刺突粗壮而短钝。每鞘翅黄褐色横带区域略显 3 条纵脊线。

● 观察时间：1 月，4—8 月。● 分布：山西、河南、安徽、浙江、湖北、江西、湖南、福建、广东、海南、香港、广西、四川；印度、越南、老挝。

❷ 双带多带天牛 *Polyzonus bizonatus*

体长 15 ~ 21 mm。头胸部深蓝色或蓝黑色，有光泽；鞘翅蓝黑色或蓝紫色，基部往往具有光泽，中央有 2 条淡黄色横带，黄带的宽度大于基部蓝带和中部蓝带的宽度，而约等于端部蓝带的宽度；触角蓝黑色，足亦呈蓝黑色，但有光泽。前胸侧刺突细小。鞘翅两侧平行，末端圆形。

● 观察时间：5—8 月。● 分布：浙江、广西、云南；印度、缅甸、越南、老挝、泰国。

❸ 昆明多带天牛 *Polyzonus cuprarius*

体长 15 ~ 22 mm。头胸部蓝绿色，有光泽；小盾片深绿色；鞘翅红铜紫色，鞘缝泛绿色；触角蓝黑色；足蓝黑色而有光泽。前胸侧刺突短小。鞘翅两侧平行，末端圆形。

● 观察时间：7 月。● 分布：云南；越南。

❹ 多带天牛 *Polyzonus fasciatus*（别名：黄带多带天牛）

体长 11 ~ 22 mm。体色和斑纹变化很大：头胸部深绿色、蓝绿色、深蓝色或蓝黑色，有光泽；鞘翅蓝黑色、蓝紫色、蓝绿色或绿色，基部往往具有光泽，中央有 2 条淡黄色横带，带的宽窄形状变化很多；触角蓝黑色，足亦呈蓝黑色，但有光泽。前胸侧刺突尖端锐。鞘翅两侧平行，末端圆形。

● 寄主植物：柳属、菊科及伞形科植物。● 观察时间：6—8 月。● 分布：古北区及中国南方广布。

❶ 云南施华天牛 *Schwarzerium yunnanum*

体长 21.5 ~ 26.5 mm。体蓝绿色，触角和足蓝黑色，头和前胸金属绿色，鞘翅中间金属绿色，边缘金铜色至红色、紫色、蓝色，非常亮丽。触角短于体长，第 3 节长于第 4 节。前胸背板横阔，具显著的侧瘤突，前后边缘皆具显著横凹沟。鞘翅两侧近于平行，刻点细密，端缘圆形。足较短（相对其他近缘的长腿种类），后足腿节不达鞘翅末端，后足第一跗节长，其余很短。

● 观察时间：7—8 月。● 分布：云南。

❷ 双条杉天牛 *Semanotus bifasciatus*

体长 5 ~ 18 mm。体型阔扁；头部、前胸黑色，触角及足黑褐色，鞘翅有棕黄色或驼色及黑色的宽带，腹部呈巧克力棕色。触角较短，雌虫触角长度达及体长之半，雄虫触角则超过体长之 3/4。前胸两侧缘呈圆弧形，具有较长的淡黄色绒毛，在背方中部有 5 个光滑的瘤突，排列成梅花形。中胸及后胸腹面均有黄色绒毛。在鞘翅中部及末端部为黑色的宽带，鞘翅末端为圆形。足中度长，被黄色竖毛。腹部亦被绒毛，微自鞘翅末端露出。

● 观察时间：3—5 月，9 月。● 寄主植物：桧、松、柏、杉、扁柏、罗汉柏等。● 分布：内蒙古、北京、河北、山西、山东、河南、陕西、甘肃、青海、江苏、上海、安徽、浙江、湖北、江西、福建、台湾、广东、广西、四川、贵州、云南；俄罗斯、蒙古、朝鲜、韩国、日本。

❸ 粗鞘杉天牛 *Semanotus sinoauster*

体长 12.5 ~ 20 mm。体型阔扁，浑身被淡黄色绒毛；头部、前胸、触角及足黑色；鞘翅具棕黄色、驼色及黑色，基半部棕黄色，中间的大黑斑不接触鞘缝，大黑斑周围淡色，端部 1/4 黑色。触角短于体长。前胸背板中部有 5 个光滑的瘤突，排列成梅花形。鞘翅两侧平行，末端圆形。足中度长，腹部微自鞘翅末端露出。

● 观察时间：4—5 月。● 分布：河北、陕西、江苏、安徽、浙江、湖北、江西、湖南、福建、台湾、广东、广西、重庆、四川、贵州、云南；老挝。

❶ 褐蜡天牛 *Ceresium geniculatum*

体长 9 ~ 15 mm。体黑色或黑褐，触角及足红褐色至黄褐色，腿节末端黑色。触角细长，长于身体，柄节同第 3 节约等长，第 4 节较短，第 5节较长，长于第 3 节，触角下沿有稀疏黄色缨毛。前胸背板狭长，两侧稍呈圆弧。小盾片半圆形。鞘翅两侧近于平行，端缘稍圆形，基部具粗刻点，向端部刻点渐细。腿节基部呈细叶柄状，中部之后突然膨大呈棒状。

● 观察时间：2 月，4—6 月。● 分布：海南、云南；印度、缅甸、越南、老挝、泰国、柬埔寨、印度尼西亚。

❷ 白斑蜡天牛 *Ceresium leucosticticum*

体长 7.8 ~ 13 mm。体黑色，有时头及体腹面黑褐色，触角及足红褐色，腿节端末暗黑色。前胸背板有 4 个乳白色毛斑，每侧 2 个，位于前端及近于后缘。小盾片被覆浓密乳白色绒毛。每个鞘翅计有 5 个乳白色小毛斑，1个位于小盾片之后，3 个位于中部略成三角形分布，1 个横斑位于鞘翅端部。中、后胸腹板两侧各有一条乳白色绒毛。触角长于身体，第 3 节稍长于柄节。

● 寄主植物：据文献记载有蛇藤、铁刀木、柚木、小花紫薇、合欢属、决明属、栲属、扁担杆属、黄檀属、猫尾树属、厚皮树属。● 观察时间：3—6 月。

● 分布：台湾、海南、云南；印度、尼泊尔、缅甸、老挝、泰国、印度尼西亚。

❸ 斑胸华蜡天牛 *Ceresium sinicum ornaticolle*

体长 8 ~ 12 mm。体褐色到黑褐色，头部与前胸较暗，几乎黑色；触角、鞘翅与足黄褐色到深褐色。触角与体等长或稍长，内侧缨毛较密，柄节略呈圆筒形，与第 3 节等长或稍长。前胸狭长，两侧稍呈圆形，中央有一条平滑的间断纵纹；中央部分绒毛较稀疏，两侧绒毛浓密形成斑纹。小盾片密被淡色绒毛。鞘翅刻点基部较深，每一刻点附一绒毛，至端部刻点渐趋微小，外缘末端圆形。中后足腿节之棒状部分超过腿节端部之半。

● 观察时间：4—7 月。● 分布：陕西、江苏、湖北、江西、湖南、福建、广东、广西、四川、贵州、云南、西藏；越南、老挝。

① 拟蜡天牛 *Stenygrinum quadrinotatum*

体长 8 ~ 14 mm。体深红色或赤褐色，头与前胸深暗。鞘翅有光泽，中间 1/3 呈黑色或棕黑色，此深黑色区域有前后两个黄色椭圆形斑纹。雄虫触角与体等长或稍长，雌虫较体短，内侧绒毛较多，第 3 节与柄节约等长，较第 3 节略长。前胸略成圆筒形，中间稍宽。小盾片密被灰色绒毛。鞘翅有绒毛及疏稀竖毛末端呈锐圆形。

● 寄主植物：栎属与栗属。● 观察时间：2 月，5—7 月。● 分布：黑龙江、吉林、辽宁、内蒙古、北京、河北、山东、河南、陕西、甘肃、江苏、安徽、浙江、湖北、江西、湖南、福建、台湾、广东、广西、重庆、四川、贵州、云南；俄罗斯、蒙古、朝鲜、韩国、日本、印度、缅甸。

② 橙斑缘天牛 *Margites luteopubens*

体长 12 ~ 20 mm。体深褐色至黑色，虫体被覆一层浅黄色或灰黄色绒毛，前胸背板前缘及后缘具毛斑，每侧缘有 3 个毛斑，小盾片及鞘翅上的绒毛浓密。雄虫触角长度超过鞘翅，雌虫触角达鞘翅末端，柄节不显著膨大，第 3，4 节末端较膨大，第 6-10 节各节近于等长，第 11 节较长。前胸背板两侧缘微弧形。小盾片小，似心脏形。鞘翅长形，两侧近于平行，末端稍窄，端缘略呈圆形。足中等大，腿节稍膨大，后足腿节不超过鞘翅末端。

● 观察时间：3—7 月。● 分布：陕西、海南、云南；越南、老挝。

③ 卡氏肿角天牛 *Neocerambyx katarinae*

体长 68 ~ 76 mm。体大型，被光洁平滑的铜色丝光细绒毛。雄虫触角长于体长，柄节肥短，约与第 4 节等长，以后各节渐次稍长，第 11 节扁狭，长大于第 3 节的 2 倍，第 3-5 节端部极度肥肿；雌虫触角约为体长的 5/6，第 3-5 节不肥肿，第 6-10 节外端稍突出。前胸背板前端具一条深横沟，后端有两条深横沟，背面具不规则粗皱脊。鞘翅光滑，在末端 1/3 处具狐狸耳朵状的斑纹，末端浑圆。

● 观察时间：3—6 月。● 分布：广东、海南、广西；印度、越南、老挝。

❶ 咖啡皱胸天牛 *Neoplocaederus obesus*

体长 22～47 mm。体较短阔，雌虫更明显。红褐色，密被棕灰色短绒毛，背面带金黄色，腹面带浅灰色且较长；鞘翅缝缘常呈黑色；触角红褐色，第 1 节的大部分、第 2 节及第 8—10 节的末端黑褐色。雄虫超出体长约半倍，雌虫与体等长或略短。前胸宽胜于长，侧刺突发达，末端尖锐；前胸背板具不规则的隆起皱褶。鞘翅长度约为其基部宽度的 2 倍，末端斜切，外端角略突出呈齿状；内端角呈刺状。前胸腹板凸片有一圆筒形瘤突。

● 寄主植物：人面子、木棉、芒果、酒椰子、破布子、吉贝、石梓、杜果、婆罗双树、酸枣、苹果、榄仁树、咖啡等。● 观察时间：1 月，3—6 月，10 月。● 分布：东洋区广布。

❷ 红角皱胸天牛 *Neoplocaederus ruficornis*

体长 17～30 mm。体中等大小，体暗黑褐色略带紫色；触角及足棕红色，腿节末端和胫节基部黑色，胫节和跗节呈黄褐色。雄虫触角超出体长的 2/3，雌虫触角略短，超出体长的 1/3，柄节弓形，背面端部隆起，具横脊纹，其余部分刻点较粗糙。前胸背板每侧缘中央有一个较短钝刺突；胸面具不规则隆起皱褶。小盾片三角形。鞘翅中部之后渐窄，每翅端缘凹截，缝角呈刺状，缘角呈角状突出。足较粗，腿节略扁。

● 寄主植物：芒果。● 观察时间：2—5 月。● 分布：云南；尼泊尔、老挝、泰国、菲律宾、马来西亚、印度尼西亚。

❸ 粗脊天牛 *Trachylophus sinensis*

体长 25～38 mm。体黑褐色，密被灰黄色有光泽的绒毛。雌虫触角较短，与身体约等长，雄虫略长于体；第 5 节长于第 3 节，第 5 节外侧端及第 6—10 节外侧扁平，外端角尖锐。前胸背板具很粗的褶皱，中央有 4 条纵脊，中间的 2 条在前端汇合成一条，外侧的 2 条在前端与内侧 2 条连接成一六角形图案。鞘翅基部阔，末端狭，后缘平切。

● 寄主植物：茶。● 观察时间：6—7 月。● 分布：浙江、湖北、江西、湖南、福建、广东、香港、海南、广西、台湾、四川、贵州；缅甸。

❶ 黄点棱天牛 *Xoanodera maculata*

体长 20 mm 左右。体中型，近圆筒形。全体红褐色，具稀疏金黄色细短毛。小盾片厚，被赤金色短毛。鞘翅具鲜明的赤金色小毛斑，大小不一致，基半部较稀疏，6 ～ 7 斑，成 3 纵行，端半部较密，有 15 ～ 20 斑，小斑常愈合，纵列成 5 行。触角第 3 节略长于柄节，第 5—10 节外缘扁薄，外端角突出如锯齿。前胸背板长略胜于宽，前端较头部稍狭，有 3 条横沟，后端较头稍宽，有 2 条横沟，背方隆突，两侧膨大，表面光滑无毛，有整齐的纵棱脊，脊面光亮，脊间沟深而平滑，背中区棱脊 6 条，此外两侧的棱脊形成屈曲的粗皱脊，至前足基节外侧，共约 5 条。鞘翅两侧近于平行，翅端稍斜凹截。

● 观察时间：4—6 月。● 分布：湖南、福建、台湾、海南、广西、四川、云南。

❷ 松红胸天牛 *Dere reticulata*

体长 8 ～ 10.5 mm。体较细小，扁平。头部、触角、足、中胸腹板、后胸腹板及体腹面黑色；前胸背板橘红色或朱红色，前、后缘区黑色；鞘翅暗蓝色或藏青色，有金属光泽。雄虫触角长达鞘翅中部之后，雌虫触角则稍短，第 3 节最长。前胸背板长胜于宽，两侧缘微呈弧形。鞘翅端缘斜切，微凹缘。足短小，前、中足腿节端部突然膨大，后足腿节逐渐膨大。

● 寄主植物：云南松。● 观察时间：6—7 月。● 分布：北京、河南、陕西、浙江、湖北、四川、云南、西藏；老挝。

① 绿虎天牛 *Chlorophorus annularis* （别名：竹绿虎天牛）

体长 9.5～18 mm。体型狭长，棕色或棕黑色。头部及背面密被黄色绒毛，腹面被白绒毛，足部有时赤褐色。前胸背板具 4 个长形黑斑，中央两个至前端合并。鞘翅基部一卵圆形黑环，中央一黑色横条，其外侧与黑环相接触，端部一圆形黑斑。触角约体长之半，或稍长前胸背板球形，表面黑斑部分很粗糙。鞘翅狭长，两边几近平行，后缘浅凹形，内外缘角呈细齿状。

● 寄主植物：竹、棉、苹果、枫、柚木。● 观察时间：2—10 月。● 分布：古北区、东洋区广布。

② 六斑绿虎天牛 *Chlorophorus simillimus*

体长 9～17 mm。体黑色，密被灰绿色绒毛。前胸背板具 3 个黑斑。每鞘翅具 6 个黑斑，第 1 个在肩角，小；第 2 个在肩角之后，钩状；第 3，4 个在中间，第 5，6 个在端部 1/4 处，第 5，6 个黑斑通常互相连接。触角短于体长。鞘翅基部仅稍稍宽于前胸，两边几近平行，后缘略平切。

● 观察时间：4—10 月。● 分布：黑龙江、吉林、辽宁、内蒙古、北京、河北、山西、山东、河南、陕西、宁夏、甘肃、青海、新疆、浙江、湖北、江西、湖南、福建、广西、四川、贵州；蒙古，俄罗斯，朝鲜，韩国，日本。

③ 槐绿虎天牛 *Chlorophorus diadema diadema*

体长 8～12 mm。体棕褐色，头部及腹面被有灰黄色绒毛。触角基瘤内侧呈角状突起，触角约伸展至鞘翅中央，第 3 节较柄节稍短。前胸背板长略大丁宽，略呈球面，密布粒状刻点；前缘及基部有灰黄色绒毛，有时绒毛分布较多，使中央无毛区域形成一褐色横条，或前端与基部绒毛扩大至中央相遇，使横条区域分割成断续斑点。鞘翅基部有少量黄绒毛，肩部前后有黄绒毛斑 2 个，靠小盾片沿内缘为一向外弯斜的条斑，其外端几与肩部第 2 斑点相接，中央稍后又有一横条，末端黄绒毛亦呈横条形。后缘斜切，外缘角较明显。

● 寄主：刺槐、亚细亚樱桃、桦。● 观察时间：7—8 月。● 分布：古北区和中国南方广布。

1 纯绿虎天牛 *Chlorophorus intactus*

体长 8.8 ～ 10.8 mm。体黑色，密被灰色绒毛。浑身的绒毛相当均匀，无因缺绒毛而显示的黑斑。触角短于体长。前胸背板球形，具较长的灰色毛。鞘翅基部仅稍稍宽于前胸，两边几近平行，后缘斜切。后足腿节约伸展至鞘翅末端，后足第 1 跗节相当于余下 3 节之总长。

● 观察时间：6—7 月。● 分布：云南。

2 半环绿虎天牛 *Chlorophorus reductus*

体长 9 ～ 13 mm。体狭长，近圆筒形，黑色，密被灰白色或灰绿色毛。鞘翅基部各具一外后角开放的半环状黑纹，翅中央各具一较宽的黑色横纹，其前沿内凹呈弧形，翅端部 1/3 处各有一黑色横纹。腹面密被灰白色毛，中、后胸前侧片及第 1，2 腹节两侧密被白色毛。触角较短，仅达体长的 2/3，第 3 节长于第 4 节，第 3—5 节下侧具稀疏的黄褐色长毛。前胸球形，长略胜于宽，前端狭窄。小盾片宽圆形。鞘翅狭长，肩部最宽，渐向末端狭窄，末端近于平截，后足腿节伸过鞘翅末端，后足第 1 跗节长相当于其余各节总长。

● 观察时间：3—7 月。● 备注：可能等于多氏绿虎天牛 *Chlorophorus douei*。● 分布：湖南、福建、广东、海南、香港、广西、四川、贵州、云南；尼泊尔、越南、老挝。

3 短绿虎天牛 *Chlorophorus trivialis*

体长 9.7 ～ 11.9 mm。体黑色，密被灰色和黄绿色绒毛。浑身的绒毛相当均匀，无因缺绒毛而显示的黑斑。通常头部、触角、腹面及足具灰白色毛，前胸、小盾片和鞘翅具灰绿色毛。触角短于体长。前胸背板球形，具粗糙刻点。鞘翅基部仅稍稍宽于前胸，向后渐渐缩窄，后缘斜切。后足腿节约伸展至（雌）或稍超过（雄）鞘翅末端，后足第 1 跗节相当于余下 3 节之总长。

● 观察时间：6—8 月。● 分布：四川、云南、西藏。

❶ 尖纹刺虎天牛 *Demonax elongatus*

体长 10 mm 左右。体细长，圆筒形，两侧平行，黑色。体被薄的淡灰色毛；触角、前胸背板、足黑色具薄的灰色毛；头、小盾片及腹面被厚的白色毛。每鞘翅具 4 个白斑，第 1 个在基部；第 2 个从小盾片之后开始，至鞘翅 1/3 处向外弯曲成横斑，合起来呈"人"字形；第 3 个在中部之后的横斑，在鞘缝处向前延伸；第 4 个是末端横斑，向外渐窄。触角细长，约等于体长。前胸长胜于宽，两侧缘略圆。鞘翅狭长，略宽于前胸，末端斜截。足细长，后足腿节超过鞘翅末端，后足第 1 跗节长大于 2，3 节之和的 2 倍。

● 观察时间：5 月。● 分布：云南；老挝。

❷ 滇刺虎天牛 *Demonax iniquus*

体长 9.9 mm 左右。体黑色，密被淡灰绿色毛。每鞘翅具 5 个黑斑，基部 3 个呈三角形排列，本身也略呈三角形，第 4 个在中部之后，第 5 个在末端约 1/4 处，两个均位于鞘翅横向的中央，略呈圆形。触角细长，约等于体长。前胸长胜于宽，两侧缘略圆。鞘翅狭长，略宽于前胸，末端平截。足细长，后足腿节伸达鞘翅末端，后足第 1 跗节长大于 2，3 节之和的 2 倍。

● 观察时间：6—7 月。● 分布：云南。

❸ 弱刺虎天牛 *Demonax inops*

体长 7.1 ~ 9 mm。体黑色，密被淡灰蓝色毛。前胸背板中央具 2 个黑圆斑，横向排列。每鞘翅具 3 个黑斑：第 1 个从小盾片之后到中部之前，合起来呈"八"字形；第二个位于中间，合起来呈"人"字形；第 3 个是较宽的横斑，在末端约 1/3 处。触角细长，约等于体长。前胸长胜于宽，两侧缘略圆。鞘翅两侧平行，末端平截。足细长，后足腿节伸达鞘翅末端，后足第 1 跗节长大于 2，3 节之和的 2 倍。

● 观察时间：4—5 月。● 分布：云南；泰国。

1 散愈斑格虎天牛 *Grammographus notabilis cuneatus*

体长 12.5 ~ 18 mm。体狭长圆筒形，黑色。头部及体背被棕榈绿色绒毛，腹面密被硫黄色绒毛；触角黑褐色，薄被灰褐色细毛。前胸背板中央两侧有 2 个黑色小圆点，或模糊成不明显的两短黑条，或完全消失。鞘翅背面小盾片后方两侧有一对呈括弧形的黑斑，其后有或无一对短纵条；每鞘翅中段有 3 个黑短纵条，排成"品"字形，鞘翅后端 1/4 处各有一黑斑，近方形，鞘翅外侧纵列细黑纹 3 条，缘折的边缘黑色。触角为体长的 3/4，柄节肥短，略短于第 3 节。前胸背板长胜于宽。鞘翅至后端稍狭，末端浅斜凹切。

● 寄主植物：核桃。● 观察时间：6 月。● 分布：河南、陕西、湖北、广东、四川、云南。

2 鼎纹艳虎天牛 *Rhaphuma diana*

体长 11 ~ 15 mm。体黑色，密被灰绿色绒毛。触角和足红褐色，其中腿节色较深暗，呈黑褐色。前胸背板具 4 个黑斑，中央 2 个纵向，在前端愈合，两侧各一个黑圆斑。每鞘翅具 5 个黑斑：第 1 个从小盾片之后到基部 1/4 处，合起来呈方括号形；第 2 个位于第 1 个的外面，两端均超过第 1 个；第 3 个在中部，右鞘翅看呈"L"形；后 2 个在端半部，略呈圆形。后 3 个黑斑均不接触鞘缝，最后一个也不接触鞘翅端。鞘翅两侧平行，末端平截。

● 观察时间：3—10 月。● 分布：广西、云南；缅甸，老挝。

3 连环艳虎天牛 *Rhaphuma elongata*

体长 14 ~ 18 mm。体黑色，触角及足黄褐色，腿节稍暗褐色；前胸背板被覆黄色绒毛，尤绒毛着生处，形成 5 个黑色斑纹，中央后端为一个短纵斑，中部两侧各有一个横斑及两侧后端各有一个斑，两侧后端斑有时不清楚。鞘翅黑褐色，其斑纹分布如下：基部及端末黄色，基部近中缝处有一个圆斑，中部近侧缘有一条细纵纹和由中缝向外有两条斜斑。触角细长，雄虫触角长达鞘翅端部，柄节膨大，显著短于第 3 节。前胸背板两侧缘呈弧形。鞘翅较长，端缘平截。

● 观察时间：七月。● 分布：山西、河南、陕西、浙江、湖北、江西、湖南、海南、四川、云南。

❶ 窄筒虎天牛 *Sclethrus stenocylindrus*

体长 13.2 ~ 19.7 mm。体细长，圆筒形。体黑色，有时鞘翅基部黑褐色；触角及足红褐色，胫节黑褐色，有时触角柄节及腹部黑褐色；身体分布有淡蓝带银白色鳞片状组成的斑纹。触角细，柄节膨大，雄虫触角伸至鞘翅中部之后，雌虫触角则稍短，第 3 节约 2 倍长于柄节。前胸背板近于圆筒形，背面十分拱凸，有 4 个鳞毛圆斑。小盾片被银白色鳞毛。鞘翅细长，端缘斜切，每翅基部近中缝有一个鳞毛圆斑，中部有一个弯曲状鳞毛斑纹，端部有一条鳞毛横带。

● 观察时间：4～9月。● 分布：广东、海南、广西、重庆、云南；缅甸、越南、老挝、泰国。

❷ 桑脊虎天牛 *Xylotrechus chinensis*

体长 16 ~ 28 mm。体黄色，腹面黑褐色，头部被黄色绒毛，触角棕褐色。前胸背板最前端为一黄色横条，中央为赤红色及黑色的两横条，基部中央一黄斑。小盾片亦被黄色绒毛。鞘翅前半部为三黄及三黑条交互形成斜条，其下又有一黑色横条，端部黄色。腿节黑褐色，胫节、跗节棕色。后胸腹板前端两旁及后胸前侧片各有一黄斑，腹节后半部均被黄绒毛，形成五横条。触角较粗短，仅伸至鞘翅基部。前胸背板如球形。鞘翅后缘平直。

● 寄主植物：桑、苹果、梨。● 观察时间：5—9月。● 分布：辽宁、河北、陕西、山西、山东、河南、甘肃、江苏、安徽、浙江、湖北、福建、台湾、广东、香港、广西、四川、西藏；朝鲜、韩国。

❸ 核桃脊虎天牛 *Xylotrechus contortus*

体长 11 ~ 15 mm。体黑色，全身被覆浓密黄色绒毛，体背面黑色斑纹；触角、足黄褐色，腿节大部分黑褐色。前胸背板中央有一个隆起黑纵斑，两侧各有一黑斑，侧缘中部各有一个小黑点。每个鞘翅有 4 条横带，第 1 条横带弯曲且常断开成一个点斑和一个纵斑；第 2 条横带向下深弯曲；第 3、4 条横带外端向下，沿侧缘延伸。雄虫触角长达鞘翅中部，雌虫触角则达鞘翅基部。鞘翅端缘稍斜切。

● 寄主植物：胡桃、杜鹃花属。● 观察时间：6—8月。● 分布：福建、台湾、广西、四川、云南；印度、不丹、尼泊尔、缅甸。

❶ 连纹脊虎天牛 *Xylotrechus diversesignatus*

体长 12 mm 左右。体黑色，密被黄色绒毛；触角和足红褐色。前胸背板具 2 条横斑和 3 条纵斑，所有黑斑互相连接。每鞘翅具 4 个黑色波浪状或弧形横斑，前后两个独立，第 2 个中间向后深陷并延伸与第 3 个相连（因此形成鞘翅中部的黄色三角形斑），第 2 个在鞘缝处向前延伸至小盾片之后。鞘翅末端稍斜切。

● 观察时间：8 月。● 分布：云南、西藏。

❷ 咖啡脊虎天牛 *Xylotrechus grayii*

体长 8.5 ~ 17.5 mm。体黑色，触角末端 6 节有白毛。前胸节背面有白色或淡黄色绒毛斑点 10 个，腹面每边 1 个。小盾片尖端被乳白色绒毛。鞘翅栗棕色，其上有较稀白毛形成数条曲折白线。中胸及后胸腹板均有稀散白斑，腹部每节两旁各有一白斑。足黑色，腿节基部及中、后足胫节大部呈棕红色。触角约体长之半。前胸背板中央高凸，似球形。鞘翅基部比前胸基部略宽，向末端渐行狭窄，后缘平直。后足第 1 跗节长于余下 3 节之总长。

● 寄主植物：咖啡、柚木、榆、日本泡桐。● 观察时间：3~10 月。
● 分布：甘肃、河北、河南、山东、陕西、江苏、湖北、湖南、福建、台湾、广东、香港、四川、贵州、云南、西藏；韩国、日本。

❸ 曲纹脊虎天牛 *Xylotrechus incurvatus*

体长 10 ~ 15.5 mm。体黑色，全身被覆浓密黄色绒毛。体背面不着生黄色绒毛处，形成黑色斑纹；体腹面绒毛淡黄色或黄绿色。触角、足黄褐色。前胸背板中央有一个隆起的黑纵斑，两侧各有一黑斑，侧缘中部各有一个小黑点。每个鞘翅有 4 条横带，前 2 条横带向下（后）深弯曲，第 3, 4 条横带向前弯曲。鞘翅末端之前还有一个接触边缘的小黑斑。触角远短于体长。小盾片倒梯形。鞘翅两侧几乎平行，端缘稍斜切。后足腿节略超过鞘翅端部。

● 观察时间：7—8 月。● 分布：河北、甘肃、湖南、福建、台湾、广东、香港、四川、云南、西藏；印度、不丹、尼泊尔。

❶ 爪哇脊虎天牛 *Xylotrechus javanicus*

体长8～18 mm。体黑色，被淡绿色绒毛；触角基半部黑色，端半部白色；足黑色被灰色毛。前胸背板中央有一个较大的黑斑，两侧各有一较小的圆形黑斑。每个鞘翅有如下淡绿色绒毛斑纹：基部横纹，与小盾片同宽并合成一整条横纹；紧接其后中部之前是两条差点交叉的斜纹；中部之后的横斑近中缝一端宽于边缘一端；最后是末端横斑，也在中缝处向前加宽。触角仅达鞘翅基部。

● 观察时间：3—6月，10月。● 分布：河南、江苏、浙江、湖北、湖南、广东、海南、广西、台湾、四川、云南；印度、尼泊尔、缅甸、越南、老挝、泰国、印度尼西亚。

❷ 红黑头脊虎天牛 *Xylotrechus latefasciatus ochroceps*

体长15～20 mm。体黑色，头、触角基部四节红褐色。前胸背板前缘两侧有黄色绒毛，雌虫前胸背板前端有一对红色圆斑，近前缘两侧各有一个小红斑点。鞘翅具黄色绒毛斑纹，每翅中部之前有一条黄色细斜线，中部稍后有一个较窄三角形黄斑，端部黑褐色，雌虫肩部红色。足黑褐色和黄褐色，雌虫腹部黄褐色。雄虫触角锯齿状，长达鞘翅基部，第3节短于柄节，同第4节约等长。

● 观察时间：7月。● 分布：重庆、四川、西藏。

❸ 白蜡脊虎天牛 *Xylotrechus rufilius*

体长7.5～16.5 mm。体黑色，前胸背板除前缘外，全为红色。鞘翅有淡黄色绒毛斑纹，每翅基缘及基部1/3处，各有一条横带，靠中缝一端，沿中缝彼此连接；端部1/3处，有一个横斑，端缘有淡黄色绒毛；触角略黑褐色，一般长达鞘翅肩部，雄虫触角略粗、稍长，第3节同柄节约等长，稍长于第4节。前胸背板较大，两侧缘弧形，表面粗糙，具有短横脊。

● 寄主植物：国槐、印度橡树、枪弹木、柿属、栎属、柞树。● 观察时间：3—10月。● 分布：黑龙江、北京、河北、山东、河南、陕西、浙江、湖北、江西、湖南、福建、台湾、广东、海南、香港、广西、四川、云南；俄罗斯、朝鲜、韩国、日本、印度、缅甸、老挝。

❶ **红尾脊虎天牛** *Xylotrechus rufoapicalis*

体长 13 mm 左右。体黑色，薄被灰色毛。前胸背板后缘两侧各有一白斑。小盾片密被白色绒毛。每个鞘翅有 3 个白斑：基半部 2 个，一个是肩后的小横斑，一个从小盾片之后沿翅缝向后并微微向侧缘，然后弯向侧缘；中部之后的横斑近中缝一端宽于边缘一端并略呈波浪状。鞘翅末端颜色较浅，呈淡褐色或红褐色。触角超过鞘翅基部。鞘翅肩宽端窄，端缘稍斜切。

● 观察时间：6 月。● 分布：云南。

❷ **宽带脊虎天牛** *Xylotrechus yanoi*

体长 14 ~ 19 mm。体黑色，足红褐色或黑褐色；触角前两节红褐色，其余黑色。前胸背板前缘和后缘两侧密被金黄色绒毛，小盾片后缘密被金黄色绒毛。每个鞘翅有 1 个灰白色绒毛横斑和 2 个金黄色绒毛斑纹，第 1 个从灰白色斑纹开始斜向侧缘，第 2 个位于中部之后，近中缝一端宽于边缘一端。触角伸达鞘翅基部。鞘翅肩宽端窄，端缘稍斜切。

● 观察时间：7—8 月。● 分布：内蒙古、北京；韩国、日本。

❸ **额天牛** *Gnatholea eburifera*

体长 11 ~ 29 mm。体棕红色到棕色，覆以相当密的棕灰色短毛。每鞘翅中部稍后方有 2 个并列靠近的象牙状斑点，其中靠内的一个往往较小于靠外的一个，在基部亦有一同样的斑点。唇基与额间有一弓形横沟。雄虫上颚背方有龙骨状突起，雄虫前胸基部较前端窄。雌虫前胸基部与前端几乎等宽。前胸背板具有 2 个小而明显的瘤，横列于中域的稍前方。鞘翅末端圆形。雌虫触角多数不及体长，雄虫触角约超过体长 1/3 倍。

● 寄主植物：柚。● 观察时间：1—5 月，11 月。● 分布：海南、广西、贵州、云南；印度、缅甸、越南、老挝、泰国、柬埔寨、马来西亚、印度尼西亚。

① 长角凿点天牛 *Stromatium longicorne*

体长 14 ~ 30 mm。体棕色到红棕色，覆以相当密的黄色绒毛。触角基瘤内侧刺状，雄虫特别显著。前胸背板刻点粗密，部分刻点为浓密的绒毛所掩盖；两侧略呈圆形，中央宽度约等于鞘翅宽度。雄虫前胸两侧各有一大而密生短毛的凹坑。鞘翅末端圆形。鞘翅表面另有许多大而显著的刻点，每个大刻点的前缘隆起，并长有一根黄色的毛。雄虫触角约为体长的 2 倍；雌虫触角比身体略长。

● 寄主植物：栎、柚木、麻栗及其他阔叶树。● 观察时间：4—12 月。
● 分布：辽宁、内蒙古、山东、江西、福建、台湾、广东、广西、海南、香港、贵州、云南；日本、印度、缅甸、老挝、泰国、菲律宾、马来西亚、印度尼西亚。

② 锯纹锐天牛 *Zoodes fulguratus*

体长 15 ~ 38 mm。体黄褐色至棕褐色，鞘翅色泽较淡黄，触角及足稍带棕红色，腹部略具黑褐色。前胸背板周缘黑色，中部之前有 2 个小的黑色圆斑，向下伸至后缘，胸面两侧各有一条较窄的黑色纵纹，有时分离成 2 个不规则小斑。鞘翅周缘黑褐色，每翅基部中央有一个向中缝倾斜的黑色长斑，翅中部及后部各有一条呈锯齿形黑褐色横带，内端彼此连接，均不接触中缝。雄虫触角长度超过体长的 1/2，第 3 节长于第 4 节。鞘翅两侧平行，端缘圆形。后胸腹板前侧片末端有一个臭腺孔，腹部每节两侧各有一个浅凹痕。

● 观察时间：2—5 月。● 分布：云南；缅甸、越南、老挝。

③ 圆眼天牛 *Phyodexia concinna*

体长 11.5 ~ 12.5 mm。体黑色，鞘翅深蓝色至紫罗兰色，具光泽，触角柄节及足棕红色，触角末端 5 节有时黑褐色被灰白色毛，后足胫节黑色。触角较短，短于虫体，雄虫触角伸至鞘翅中部之后，雌虫触角略短。柄节较长，向后逐渐膨大呈棒状，略弯曲，前端 3 节着生很少黑色细长毛，第 4，5，6 节四周密生浓厚的黑色长簇毛，以下各节末端着生几根黑色细长毛。前胸背板长胜于宽，两缘呈弧形。鞘翅缘角圆形，端缘略平截。足细长，着生黑色、直立细长毛，后足胫节毛更长。后足腿节膨大部分占腿节长度的 1/2。

● 观察时间：5—6 月。● 分布：海南、广西、云南；印度、不丹、缅甸。

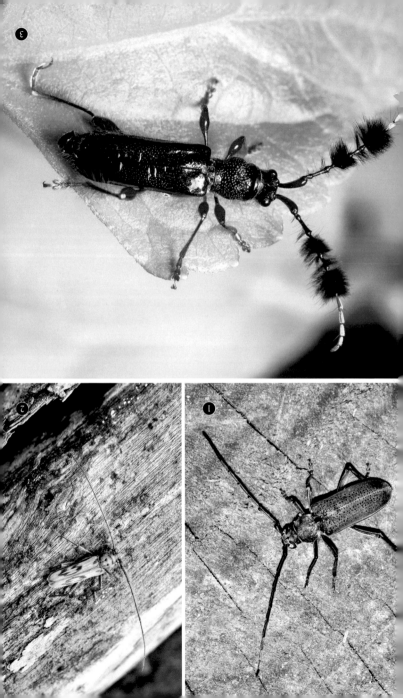

❶ 长胸长柄天牛 *Ibidionidum longithoracicum*

体长 7 ~ 10.6 mm。头及前胸棕色或暗红色，触角前 3 节槟榔棕色或黑色，第 4，5 节暗褐色，以下各节渐淡，近咖啡色。小盾片赤褐色，鞘翅黄褐色，中、后胸及腹部腹面深褐色有光泽。前足基节基部及后胸腹板中央带红棕色，足赤褐色至黑褐色有光泽。触角雄虫稍长于体，雌虫为体长的 3/4，第 3 节短小。前胸狭长，约等于鞘翅长的一半，两侧各具一个短而钝的刺突，位于中部两侧的稍后方。鞘翅端部尖圆。

● 观察时间：4—5 月。● 分布：云南。

❷ 大茶色天牛 *Oplatocera grandis*

体长 45 ~ 66 mm。体大型。栗褐色，头部、触角、前胸背板、鞘翅边缘及足较深暗，鞘翅色较淡，有茶褐色斑纹。肩角后方有一个大形斑，翅基部 1/3 背方中央有一个圆形斑，或呈小圆点，或完全消失，翅端半部中部有一宽斜带，向前斜伸至外侧缘中部之后，前后边缘不整齐，内外两端不达中缝和侧缘。雄虫触角较体长，柄节很肥短，长为直径的 2 倍，表面密布粒状皱脊，第 3 节长为柄节的 2.5 倍，第 4 节长约为柄节的 2 倍，以后各节渐短，第 3—6 节内侧排列有尖刺，第 3，4 节的刺较多，各 10 个左右，第 5，6 节的刺很少，大多数刺的长度均较各该节的直径为长。雌虫触角略短于体，无尖刺。雄虫前胸背板大而扁圆，雌虫前胸中部后方具侧刺突。

● 观察时间：5 月，9 月。● 分布：重庆、四川。

❸ 台湾茶色天牛 *Oplatocera mandibulata*

体长 37 ~ 50 mm。体棕色至棕褐色，头部触角红棕色，各节末端黑色。前胸背板烟褐色，背中区有 2 个黑色绒毛斑，两侧刺突内侧各一个较狭长的黑斑。鞘翅中部前后各有一条斜行褐色横带。雄虫的上颚非常发达，雄虫触角末 3 节超出翅端，雌虫仅末 2 节超出。较体长，末 4 节或 5 节超过鞘翅末端，第 3 节较柄节长 2.5 倍。前胸背板侧刺突短而尖，位于两侧中部稍后方。鞘翅末端左右相合成圆弧形。

● 观察时间：6—8 月。● 分布：台湾、重庆、四川。

❶ 台岛茶色天牛 *Oplatocera mitonoi*

体长 26 ~ 38 mm。体棕色至棕褐色，头部触角红棕色，基部 7 节末端黑色。前胸背板烟褐色，背中区有一个较大的近梯形黑色绒毛斑，两侧刺突内侧各一个较狭长的黑斑。鞘翅色较淡，中部前后各一条不整齐的斜行褐色横带，变化颇多，尤其是前面一条有时不明显甚至消失。前、中足窝周缘、足转节、腿节、胫节末端黑色。触角较体长，末 4 或 5 节超过鞘翅末端，第 3 节长于柄节的 2 倍。前胸背板侧刺突宽短，位于两侧中部稍后方。鞘翅末端左右相合成圆弧形。

● 观察时间：6—8 月。● 分布：台湾、浙江。

❷ 裸纹长跗天牛 *Prothema auratum*

体长 10.5 ~ 12 mm。体黑色，密被草绿色绒毛，触角和足黑色被灰色和灰绿色绒毛。前胸背板中央具 2 条黑色纵纹，两侧各有一细的短纵纹，所有纵纹都不接触前后缘。鞘翅中缝黑色，中间有一条细的黑横斑，横斑之前有一条黑纵纹至肩角，之后有一条黑斜斑。雄虫触角长达鞘翅端部，雌虫触角则稍短，第 3 节长于柄节。前胸背板宽略胜于长，前端窄，前、后端紧缩，两侧无刺突。鞘翅后端略窄，端缘切平。

● 观察时间：3—5 月。● 分布：湖南、广东、海南、广西、贵州、云南；印度、尼泊尔、老挝。

❸ 中黑肖亚天牛 *Amarysius altajensis*

体长 8.5 ~ 15 mm。体黑色，鞘翅朱红色，中部有大黑斑，在中缝处连接呈窄长的卵圆形，自小盾片后方伸延至翅长的 4/5 处。触角向后伸展，雌虫较短，接近鞘翅末端，雄虫则约为体长的 1.5 倍，第 3 节最长。前胸宽度稍大于长，两侧缘呈弧形，无侧刺突，前部较基部稍窄。小盾片呈短宽的三角形，有黑色细毛。鞘翅窄长，后部较基部宽，后缘圆形。足中等大小，后足第 1 跗节长于第 2，3 跗节的总长。

● 寄主植物：成虫常见于忍冬、锦鸡儿、小叶榆上。● 观察时间：5—6 月。● 分布：黑龙江、辽宁、内蒙古、河北；俄罗斯、蒙古、朝鲜、韩国。

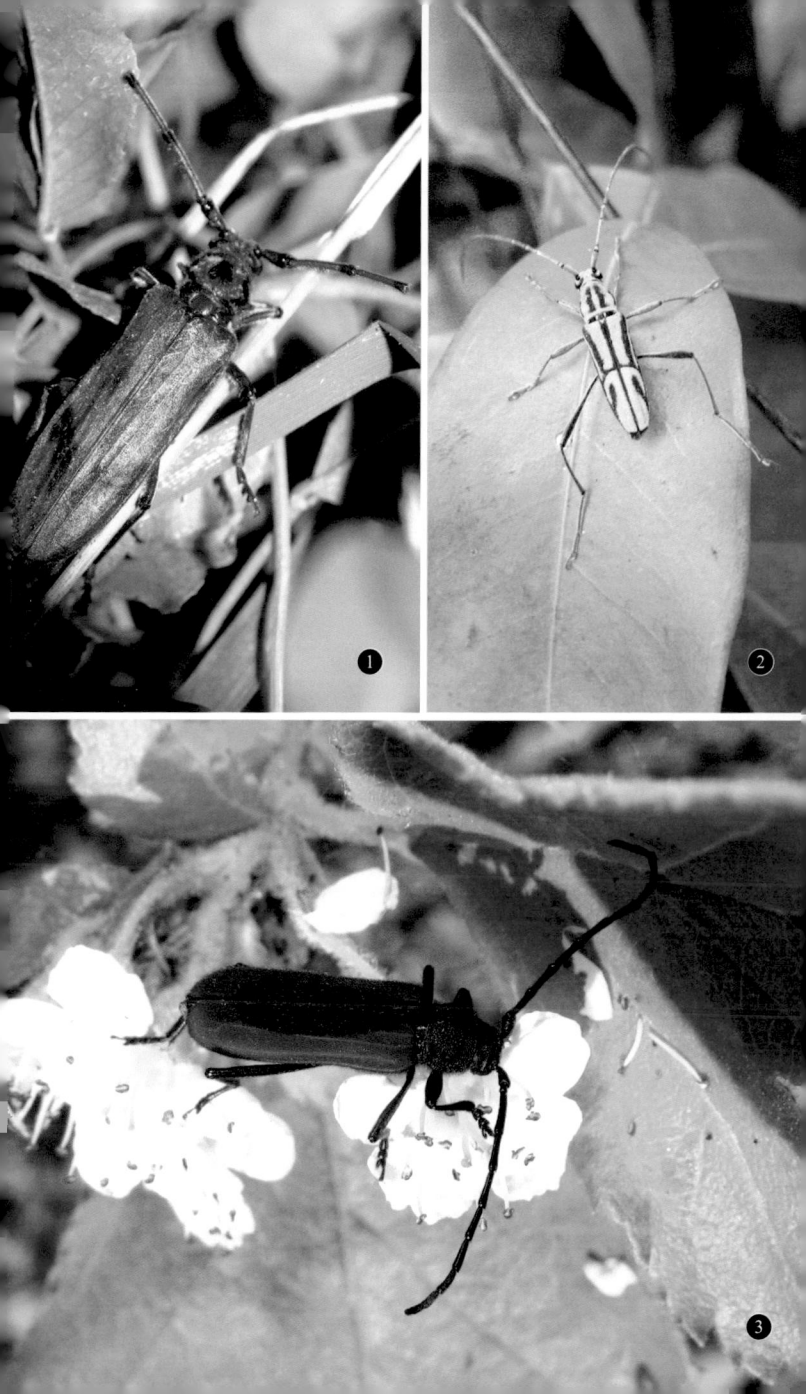

① 红缘亚天牛 *Anoplistes halodendri pirus*

体长 11～19.5 mm。体窄长，黑色。鞘翅基部有一对朱红色斑，外缘自前至后有一朱红色窄条。触角细长，雌的与体长大约相等，雄的约为体长的 2 倍，第 4 节长于第 1 节，第 3 节比第 4 节短，雌的以第 3 节、雄的以第 11 节最长。前胸宽稍大于长，两侧缘刺突短钝，有时不甚明显。鞘翅窄长而扁，两侧缘平行，末端圆钝。翅面被黑色短毛，基部斑点上的毛灰白色而长。足细长，后足第 1 跗节长于第 2，3 跗节的总和。

● 寄主植物：梨、枣、苹果、葡萄、小叶榆。成虫见于忍冬、锦鸡儿、柳、胡颓子等。● 观察时间：6—8 月。● 分布：黑龙江、吉林、辽宁、内蒙古、北京、河北、山西、山东、河南、陕西、宁夏、甘肃、青海、新疆、江苏、浙江、湖北、江西、湖南、台湾、贵州；俄罗斯、蒙古、朝鲜、韩国。

② 五瘤天牛 *Falsanoplistes guerryi*

体长 14～15 mm。体黑色，鞘翅深红色。雄虫触角远长于体，雌虫触角约等于体长，雄虫触角前 6 节，雌虫触角各节向末端膨大，尤其雌虫基部数节膨大更加显著并具黑毛，雄虫触角较细长，第 3 节之后各节变细。前胸背板宽略胜于长，具显著瘤突，大约可分成 5 个。鞘翅中部之后微膨大，端缘圆形。

● 观察时间：6 月。● 分布：云南、西藏。

③ 帽斑紫天牛 *Purpuricenus lituratus*

体长 16～23 mm。体黑色，前胸背板及鞘翅朱红色。前胸背板有 5 个黑斑点（前 2 后 3）。鞘翅有黑斑 2 对，靠前一对略呈圆形，靠后一对大型，在中缝处连接呈毡帽形。触角雌虫较短，接近鞘翅末端，以第 3 节最长；雄虫则约为体长的 2 倍，以第 11 节最长。前胸短宽，两侧缘中部有侧瘤突，基部稍前略为窄缩，5 个黑斑点处略为隆起。小盾片锐三角形，密被黑色绒毛。鞘翅扁长，两侧缘平行，后缘圆形，帽形黑斑上密被黑色绒毛。

● 寄主植物：苹果。● 观察时间：7 月。● 分布：吉林、辽宁、北京、河北、河南、陕西、甘肃、江苏、湖北、江西、湖南、广西、贵州、云南；俄罗斯、朝鲜、韩国、日本。

❶ 中华竹紫天牛 *Purpuricenus temminckii sinensis*

体长 11.5 ~ 18 mm。体扁，略呈长形。头、触角、腿及小盾片黑色。前胸背板及鞘翅朱红色，后者色泽稍浅，后端常带有橙黄色；前胸背板有 5 个黑斑，接近后缘的 3 个较小，前方的一对较大而圆，有时候这些黑斑扩大并相连。触角雌虫较短，接近鞘翅后缘；雄虫长约为身体的 1.5 倍，各节远端稍大，第 3 节较柄节略长。前胸两侧缘有一对显著的瘤状侧刺突。鞘翅后缘圆形。

● 寄主植物：竹、枣。● 观察时间：4—5 月。● 分布：辽宁、河北、河南、陕西、江苏、上海、浙江、湖北、江西、湖南、福建、台湾、广东、香港、广西、四川、贵州、云南；韩国、日本。

❷ 油茶红天牛 *Erythrus blairi*

体长 11 ~ 19 mm。头、触角、小盾片、体腹面及足黑色。前胸背板及鞘翅红色，前胸背板中区有一对圆形瘤状黑色毛斑。触角第 3 节 2 倍长于第 4 节。前胸背板长、宽近于相等，无侧刺突。小盾片着生黑色绒毛。鞘翅前端窄，后端稍阔，端缘圆形，翅面具细密刻点，每翅有 2 条纵隆脊线，中央一条较长而显著，近中缝一条较短，不甚明显。

● 寄主植物：茶、油茶。● 观察时间：4—5 月。● 分布：河南、陕西、江苏、浙江、湖北、江西、湖南、福建、台湾、广东、海南、香港、广西、贵州、云南。

❸ 沟翅珠角天牛 *Pachylocerus sulcatus*

体长 18 ~ 28 mm。体红褐色，触角第 2—5 节基部黑色。前胸背板及鞘翅色泽较暗褐色，每翅有 5 条或 6 条红褐色纵条纹，有的条纹不完整，条纹上着生金黄色绒毛，暗褐色部分着生黑色绒毛。体腹面光滑，有少许短毛。触角粗，一般长达鞘翅中部，柄节膨大，第 3—5 节粗大，球形，似念珠状，以下各节扁阔，各节端角锯齿形。前胸背板前端较窄，两侧缘微呈弧形，无侧刺突，但中部稍突出。胸面具横皱纹。鞘翅较短，两侧平行，后端尖圆。

● 观察时间：3—6 月，12 月。● 分布：广西、四川、云南；印度、缅甸、越南、泰国。

① 川折天牛 *Pyrestes densatus*

体长 10.9 ~ 15.7 mm。体狭长，两侧近于平行。背面暗红色，头部、触角、足暗红色至黑褐色，触角节端部和跗节末端色较深，呈黑色。触角略扁，雄虫约等于体长，雌虫略短，第 3 节稍长于柄节。前胸近圆筒形，长显胜于宽，端部较基部窄。鞘翅基部狭，后部稍加宽，末端合成圆形。足短，腿节棒状，后足腿节不超过第 3 腹节中部。

● 观察时间：6—7 月。● 分布：四川。

② 突肩折天牛 *Pyrestes pascoei*

体长 9.5 ~ 13 mm。体狭长，两侧近于平行。背面鲜红色，头部及胸部腹板黑色，触角、前胸背板前缘和后缘、小盾片、足暗红褐色或黑色。体背面具细而稀疏的近于直立的淡红色长毛。腹面及足上具棕黄褐色毛。触角略扁，雄虫约等于体长，雌虫超过鞘翅中点，第 4 节较细，圆筒形，第 5 节加宽，外角尖锐，第 6—10 节扁宽，侧缘近于平行，末端略尖。前胸近圆筒形，长显胜于宽，在端部之前略收缩。鞘翅基部狭，后部稍加宽，末端合成圆形。足短，腿节棒状，后足腿节不超过第 3 腹节中部。

● 观察时间：6—7 月。● 分布：甘肃、江苏、浙江、湖南、福建、广东、云南。

③ 蓝丽天牛 *Rosalia coelestis*

体长 18 ~ 29 mm。体被淡蓝色绒毛具黑斑纹。触角柄节及雄虫端部数节，雌虫末节和足黑色。腿节中后有环状淡蓝色绒毛，后足胫节中部及跗节被覆淡蓝色绒色。触角第 3—6 节端部丛生浓密黑色簇毛，以下各节端部黑色。雄虫触角端部 5 节超出鞘翅之外，雌虫则端部 3 节超出鞘翅之外。前胸背板中区有一个近方形的大黑斑，与前缘接触，两侧各有一个小黑点及一个小瘤突，有时两侧的小黑点与中央大黑斑连接。鞘翅肩无黑斑，每个鞘翅有 3 个黑色不规则横斑纹，分别位于肩之后、中部及端部之前。

● 观察时间：7—8 月。● 分布：黑龙江、吉林、北京、河北、山东、河南、陕西、广西；俄罗斯、朝鲜、韩国。

❶ 茶丽天牛 *Rosalia lameerei*

体长 17 ~ 33.5 mm。体密被蓝绿色或墨绿色短绒毛,具黑色斑纹。头、触角柄节、中胸腹板、腹部各节前缘及足黑色。触角自第 3—10 节止,被淡蓝色或蓝灰色绒毛,各节端部黑色,第 3—6 节端部丛生浓密黑色簇毛。雄虫端部 5 节超出鞘翅之外,雌虫则端部 4 节超出鞘翅之外。前胸背板从中央向前缘扩展,形成近于三角形黑斑,两侧各有一个小黑点。每个鞘翅有 4 个黑色横斑纹,分别位于肩部,基部 1/4 处,中部稍后及端部之前。腿节膨大,最宽处有淡蓝色环状绒毛,跗节略有淡蓝色绒毛。后足胫节端部扁阔,着生浓密黑色长毛,似毛刷状。

● 寄主植物:梨、柿、麻、栎、朴、山林果、茶。● 观察时间:5—6 月。
● 分布:台湾、广西、四川、云南;缅甸、越南、老挝、泰国。

❷ 贵州台岛丽天牛 *Rosalia formosa pallens*

体长 23 ~ 29 mm。体密被橙黄或橘红色绒毛,有黑斑纹。头、触角、小盾片及足黑色。前胸背板具 4 个近圆形黑斑,中央纵向 2 个,两侧各有 1 个小黑点。每个鞘翅有 2 个黑色横斑纹,分别位于肩部和中部稍后。两个横斑之间鞘翅中部之前有 2 个圆形黑斑,近鞘缝的一个较大并较靠后。触角远长于体长。前胸略显圆形。鞘翅末端圆形。

● 观察时间:8—9 月。● 分布:湖北、湖南、云南、贵州;越南。● 备注:图片摄自云南,很可能是黑尾台岛丽天牛 *Rosalia formosa nigroapicalis*。

❸ 厚角丽天牛 *Rosalia pachycornis*

体长 18.5 ~ 33.5 mm。体密被橙黄色或橘红色绒毛,有黑斑点。头、触角、小盾片及足黑色。前胸背板具 4 个圆形黑斑点,中央纵向 2 个,两侧各有 1 个小黑点。每个鞘翅有 3 个黑色圆点,纵向排成一排,分别位于基半部中央略靠前、中部和端半部中央略靠前。有时候最后的黑点变小甚至消失。触角远长于体长。前胸略显圆形。鞘翅端部略膨大,末端圆形。

● 观察时间:4—6 月。● 分布:云南;泰国。

❶ 印度半鞘天牛 *Merionoeda indica*

体长 9 mm 左右。体黑色被淡灰色毛。触角略超过体长之半，柄节略弯，第 3 节略短于柄节。前胸背板后端稍宽于前端，背中区具突起，突起之间的凹陷部分有明显刻点。鞘翅超过腹部第 1 节末端，末端尖狭，左右翅分开。第 1 腹节最长而大。足腿节端半部肥大，中足腿节较前足肥大，后足腿节的膨大部最大，基半部呈细柄。

● 观察时间：3—6 月。● 分布：四川、云南；印度、尼泊尔、老挝。

❷ 保山半鞘天牛 *Merionoeda baoshana*

体长 12.5 mm 左右。体大部赤褐色。触角色较深，呈黑褐色，小盾片和腿节基部黑色。头部狭长，除后头背中央光滑外，密布粗皱刻点。触角略超过体长之半，不超过鞘翅末端，柄节略弯，第 3 节略短于柄节，约与第 4 节等长，第 5—10 节扁宽，外端角突出。前胸背板后端稍宽于前端，前端领状部明显，背中区具光滑突起。鞘翅短，仅及小盾片至腹末长度之半，末端尖狭，左右翅分开。足腿节端半部肥大，后足腿节的膨大部最大，近球形，密生粗黑毛，基半部呈细柄，胫节密生黑褐色毛。

● 观察时间：5—6 月。● 分布：云南；老挝。

❸ 琼台半鞘天牛 *Merionoeda formosana burkwalli*

体长 7.7～8.6 mm。头、触角、中足和后足腿节端部膨大部分、后足胫节端部黑色，前胸、小盾片、鞘翅和足的其他部分黄褐色或红褐色。雄虫鞘翅端半部黑褐色，雄虫后足胫节黑色部分常扩展至基端，且雄虫后足跗节常黑褐色。触角略超过体长之半，柄节略弯，第 3 节略短于柄节，约与第 4 节等长，第 5—10 节扁宽，外端角突出。前胸背板前端领状部明显，背中区具光滑突起。鞘翅末端尖狭，左右翅分开。足腿节端半部肥大，后足腿节的膨大部最大，约占整个腿节长度的 1/3。

● 观察时间：3—7 月。● 分布：海南。

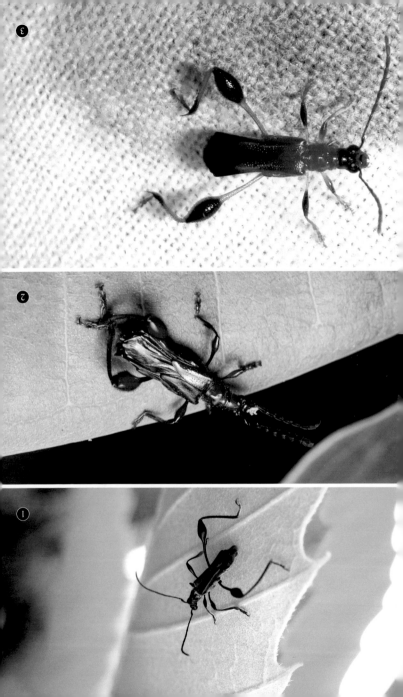

① 黄斑多斑锥背天牛 *Thranius multinotatus signatus*

体长 18 ~ 22 mm。体暗红棕色。触角第 1—7 节及足淡红棕色，触角第 8 节黄色，第 9—11 节暗褐色。小盾片棕黑色。鞘翅黑褐色，各具 6 个黄色斑，前 3 个位于基部较宽大部分，第 4 个位于肩后翅开始狭窄部分的侧缘，第 5 个位于狭窄的翅中点之前近中缝一侧，第 6 个狭长，位于近翅端部的中央。触角粗短，仅伸达第 2 腹节，柄节粗短，第 3 节最长，约等于第 4 节长的 2 倍。鞘翅从基部 1/5 处开始向后急剧狭窄并向内弯，中部最窄，约为基部宽的 1/4，近端部略加宽，末端狭圆，仅伸达第 4 腹节末端。

● 观察时间：6—9 月。● 分布：浙江、福建、台湾、广东、海南；越南。

② 咖啡双条天牛 *Xystrocera festiva*

体长 20 ~ 40 mm。体较大，长形，红棕色至棕黄色。前胸背板为金蓝色或绿色，中区呈棕黄色或棕红色。鞘翅棕黄色，从翅基中部外侧端缘有一金蓝色或绿色纵带。触角黑色，足棕红色，腿节基部及末端，胫节大部分带黑褐色，胫节末端及跗节为黄褐色。雄虫触角长度约为体长 2 倍，雌虫触角略超过鞘翅。

● 寄主植物：咖啡、可可、南洋楹、楹树、阔叶合欢。● 观察时间：4—6 月。
● 分布：台湾、海南、云南；印度、缅甸、越南、老挝、马来西亚、印度尼西亚。

③ 双条天牛 *Xystrocera globosa* （别名：合欢双条天牛）

体长 13 ~ 35 mm。体呈红棕色到棕黄色。前胸背板前后边、中央一狭纵条，左右各一较宽的纵条，均呈金属蓝色或绿色。鞘翅棕黄色，每翅中央一纵条，其前方斜向肩部，此纵条及鞘翅的外缘和后缘均呈金属蓝色或绿色。触角长于体。每鞘翅有 3 条微隆起的纵纹，2 条在背方，1 条在侧方。

● 寄主植物：合欢、楹树、槐、桑、海红豆、桃、木棉、羊蹄甲属、扁担杆属等。● 观察时间：2—12 月。● 分布：古北、东洋广布。

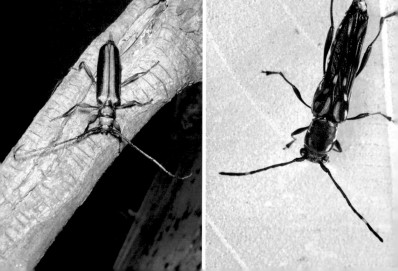

沟胫天牛亚科 Lamiinae

沟胫天牛亚科是种类最多的亚科，世界记录约 2 万种，超过所有天牛总数的一半。中国记录 28 族 307 属 1636 种 / 亚种。本书展示了 82 属 159 种，也超过所有展示天牛总数的一半。

❶ 长角天牛 *Acanthocinus aedilis*

体长 11 ~ 24 mm。体基底棕红色，触角各节端部呈棕红或深棕红色。前胸背板被灰褐色绒毛，前端有 4 个火黄色或金黄色圆形毛斑，排成一横行。小盾片中部被淡色绒毛。每一鞘翅各有两条深色而略斜的横斑纹，一处于中部之前，一处于端部三分之一，以后者较显著；此外还有稀疏的小圆斑点，以翅中央中缝区较多。雄虫触角为体长的 3.5 倍，雌虫触角为体长的 2 倍。前胸背板宽显胜于长，刺突基部阔大，刺端很短。鞘翅上深横斑处微微弓起，在每一翅上还隐约地可以看到有 2、3 条纵脊线，翅端钝圆。雌虫腹部末端伸出长的产卵管。

● 寄主植物：红松、云杉。● 观察时间：4—8 月。● 分布：黑龙江、吉林、内蒙古、山东、河南、陕西、湖北、江西；俄罗斯，蒙古，朝鲜，韩国，哈萨克斯坦，土耳其；欧洲。

❷ 刻角干天牛 *Driopea excavatipennis*

体长 7.2 mm 左右。体黑色被灰色绒毛，鞘翅和触角具又粗又长的直立刚毛。前胸背板无斑纹。每个鞘翅有 4 个黑斑，第 1 个斑到达鞘缝，其余 3 个斑不接触鞘缝。触角远长于体长，基部数节具显著的粗深刻点。鞘翅末端平切，端缘角齿状突出。腿节略呈棒状。

● 观察时间：5—6 月。● 分布：云南；老挝。

❸ 拟棘天牛 *Neacanista tuberculipenne*

体长 14 mm 左右。体黑色，触角各节端部黑色，基部被灰白色绒毛。前胸背板两侧具白纵纹，侧刺突白色。每鞘翅基部有一个显著的黑色毛突，端部被白色绒毛，夹杂黑色小点。足黑色具数处白色绒毛斑纹。触角远长于体长，第 3 节长于柄节。前胸侧刺突位于中部稍后。鞘翅末端平切，基部具纵脊。

● 观察时间：6—10 月。● 分布：海南、重庆、云南。

❶ 项山晦带方额天牛 *Rondibilis horiensis hongshanus*

体长 8.9 mm 左右。体黑色，触角黑褐色至黑色，各节基部具很小的白环。头和足黑色被灰色毛。前胸背板具不规则的稠密黑点，中央前端灰褐色。小盾片灰褐色。鞘翅中部和端半部中央具显著黑色横斑，其余部分灰褐色夹杂不规则排列的黑色小点。触角远长于体长，第 3 节长于柄节。鞘翅两侧几乎平行，末端平切。腿节略呈棒状。

● 观察时间：6 月。● 分布：浙江、湖北、江西、广东。

❷ 苜蓿多节天牛 *Agapanthia amurensis*

体长 10 ~ 21 mm。体金属深蓝色或紫蓝色。触角黑色，自第 3 节起各节基部被淡灰色绒毛。头、胸及体腹面近蓝黑色。触角比体长，柄节粗而长，渐向端部膨大，不具端疤，短于第 4 节，第 3 节最长，柄节及第 3 节端部具簇毛，有时柄节端部仅下侧具浓密长毛。前胸背板长宽相等或宽略胜于长，两侧中部之后稍膨突。头、胸刻点粗深，每个刻点着生黑色长竖毛。小盾片半圆形。鞘翅狭长，宽于前胸，两侧近于平行，翅端圆形。足短，后腿不超过第 2 腹节末端。

● 寄主植物：苜蓿。● 观察时间：5—8 月。● 分布：黑龙江、吉林、内蒙古、河北、山东、河南、陕西、新疆、江苏、浙江、湖北、江西、湖南、福建、四川；俄罗斯、蒙古、朝鲜、日本。

❸ 大麻多节天牛 *Agapanthia daurica*

体长 11 ~ 20 mm。体黑色或金属铅色。头部散生淡黄色短毛，头顶中部较浓密。触角黑色，有时从第 3 节起的各节基部黄褐色，被淡灰色绒毛。前胸背板有 3 条淡黄色或金黄色绒毛纵纹，位于中央及两侧各一，其余部分有稀少短黄毛。小盾片密布淡黄色或金黄色绒毛。鞘翅散生淡黄色、灰黄色或淡灰色绒毛，各处绒毛稠、稀分布不一致，形成不规则细绒毛花纹。雌、雄虫触角均长于身体，雌虫触角稍短，基部数节下沿有稀少缨毛。柄节较长，达前胸背板中部之后，第 3 节最长，以下各节逐渐减短而趋细。

● 寄主植物：大麻、山杨。● 观察时间：1—7 月。● 分布：黑龙江、吉林、辽宁、内蒙古、新疆、湖北；俄罗斯、蒙古、朝鲜、日本。

❶ 绒脊长额天牛 *Aulaconotus atronotatus*

体长 17 ~ 24 mm。体基底黑色，鞘翅基部较红，前胸背板两侧及鞘翅大部分密被灰褐色绒毛，略带灰青色或灰黄色，前胸背板中区黑色。每个鞘翅基部有 3 条或 4 条黑纵纹，翅中部之后沿侧部有黑色纵斑纹。触角自第 4 节起的各节基部被淡灰绒毛。触角较粗而长，远超过体长，第 3 节稍长于柄节，以下各节依次略短而趋细。前胸背板长宽约相等，圆筒形。鞘翅基部有瘤突，末端圆形。

● 观察时间：7—8 月。● 分布：江西、湖南、福建、广东、海南、广西、四川、贵州、云南；越南、老挝。

❷ 羽角天牛 *Eucomatocera vittata*（别名：线纹羽角天牛）

体长 7.4 ~ 14 mm。体十分细长，黑色。头及前胸背板有 4 条灰黄色绒毛细纵纹，中央 2 条彼此接近。小盾片被灰黄色绒毛。每翅有 3 条灰黄色细纵纹。额梯形，上狭下宽；复眼上、下叶远分离，复眼下叶小，圆形。雄虫触角同体近于等长或略超出，雌虫则短于身体。柄节最长，较粗，圆柱形，第 3—6 节各节约等长，下沿有稀疏细长缨毛，以下各节渐短，第 7—9 节各节着生浓密羽毛状簇毛。鞘翅两侧平行，后端各翅收狭，端缘尖锐。足十分短。

● 寄主植物：在菊科泽兰属的飞机草上采到成虫。● 观察时间：3—6 月，12 月。● 分布：台湾、云南；印度、尼泊尔、缅甸、越南、老挝、泰国、斯里兰卡。

❸ 多褶驴天牛 *Pothyne polyplicata*

体长 21 ~ 24.5 mm。体近圆筒形，黑色。触角黑色，第 4 节起各节基部具白环。前胸背面具 6 条红褐色细纵条纹，背中线上的 2 条非常靠近，两端连接，位于侧缘上的 2 条同样细长。鞘翅黑色具难以描述的红褐色和灰色绒毛斑纹，鞘缝红褐色，另有 2 条稍明显的红褐色纵纹，其他翅面夹杂不规则的红褐色和灰色斑点或短条纹。头部短，约与前胸等宽，向后倾斜。触角 12 节，远长于体长，柄节与第 4 节等长，稍短于第 3 节，第 5-10 节渐短，末节最长。前胸圆筒形。鞘翅末端圆形。

● 观察时间：5—7 月。● 分布：浙江、江西、福建、广东、海南、广西。

❶ 毛角蛀天牛 *Tetraglenes hirticornis*

体长 6 ~ 16 mm。体极细长，梭形，暗红棕色，密被鼠灰色短绒毛。头部背面中央及两侧各具一灰黑色纵纹，向后沿前胸背面 3 长纵沟延伸至前胸后缘。鞘翅基部中央各具一灰黑色宽纵纹，中部仅具不连续的暗色点。头部与前胸等宽，强烈向后倾斜。复眼很小，上、下叶分开。触角仅略超过体长，柄节长 2 倍于第 3 节，第 3—11 节外侧具很长的直立缨毛。鞘翅末端尖锐。足短。

● 寄主植物：白叶藤。● 观察时间：3—8 月。● 分布：浙江、福建、广东、海南、香港、广西、贵州、云南；印度、尼泊尔、缅甸、越南、老挝、泰国、印度尼西亚。

❷ 地衣天牛 *Palimna annulata* （别名：网斑地衣天牛）

体长 12 ~ 27 mm。体宽短肥厚，黑色。触角柄节中部、第 2 节以后各节的基半部被灰白色细毛。向端部各节的灰白色部分渐较短。前胸背板大部分被白色，唯有中线两侧各有一宽黑纵带，前端较狭，左右较靠拢，中部最宽，该处中央各有一白色小圆斑，似眼状。小盾片中部两侧黑色，其余部分似锚形。鞘翅上具明显的椭圆形或不完整的大型白色毛斑，周围黑色，似网眼状。触角长过身体 1 倍。前胸背板两侧刺突短钝。鞘翅基部中央各有 2 个齿状突起，翅端狭圆。

● 寄主植物：芒果、厚皮树、酸枣。● 观察时间：3—7 月，10—11 月。● 分布：福建、台湾、海南、云南；印度、缅甸、老挝、泰国、柬埔寨、马来西亚、印度尼西亚。

❸ 斜顶天牛 *Pseudoterinaea bicoloripes*

体长 6 - 10 mm。体红褐色。触角红褐色，第 3 节起各节基部具白环。足红褐色，腿节黑褐色。头、前胸和鞘翅红褐色，具不规则的黄褐色毛斑，夹杂深褐色斑。鞘翅中缝、中部和端部还有灰色毛斑若干个。小盾片深褐色。触角长于体长，柄节膨大，第 3 节长于柄节，基部数节下沿具缨毛。前胸中部稍后具向后弯曲的侧刺突。鞘翅两侧几乎平行，末端圆形。腿节粗大，棒状。

● 观察时间：3—9 月。● 分布：福建、广东、海南、香港、广西、云南；越南、老挝。

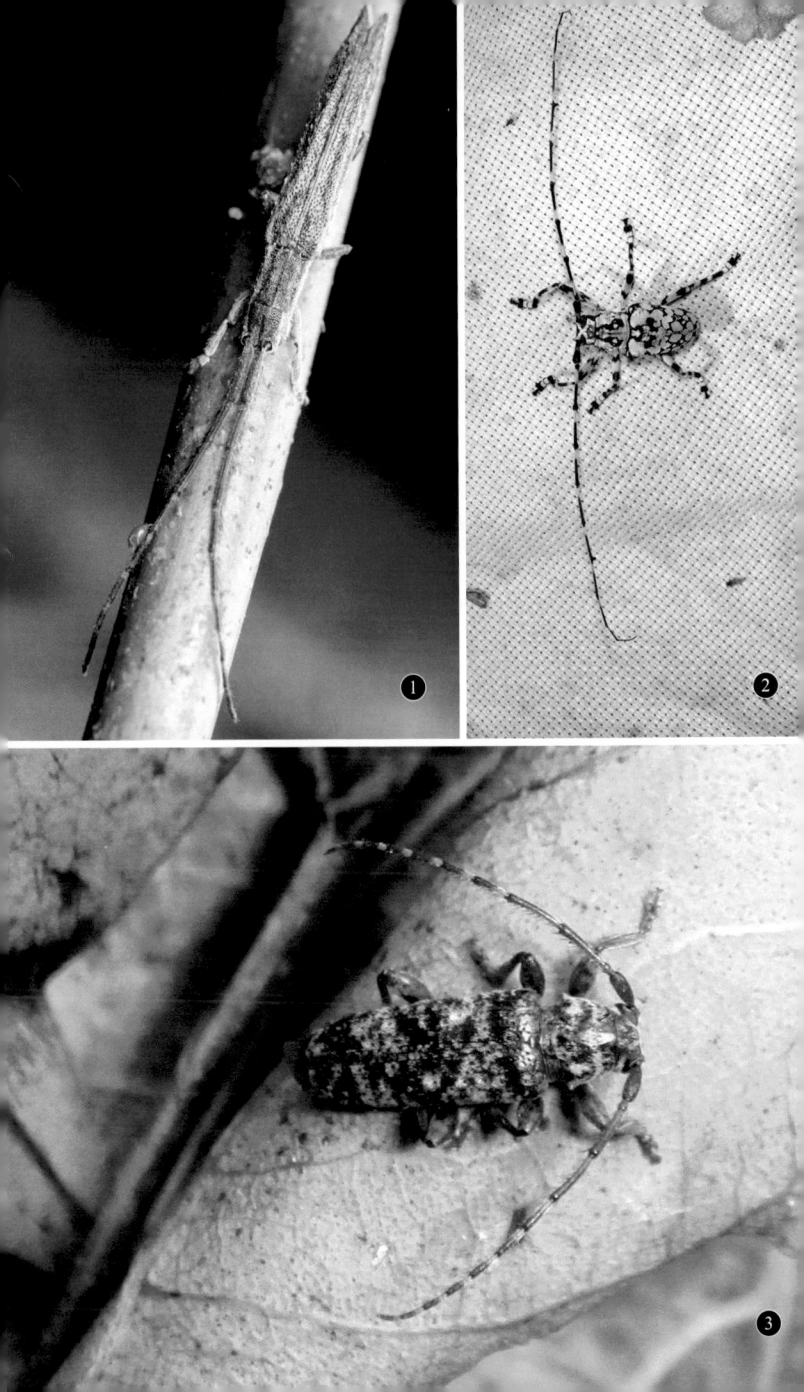

❶ 白星瓜天牛 *Apomecyna cretacea*

体长 12.5 ～ 16 mm。体圆柱形，黑褐色至黑色，被棕黄色或棕褐色短绒毛。前胸背板有 4 个白色毛斑。每个鞘翅有许多近圆形、大小不一的白色毛斑，可分成 3 组：第 1 组在中部之前，毛斑较多，有 11 ～ 13 个，后缘一列 4 个的白斑稍大，成一斜线排列；第 2 组在中部之后，有 5 ～ 6 个，略成两条斜线排列；第 3 组的白点较小，有 2 ～ 3 个，成一横排。触角很短，粗壮，长度不超过翅中部。柄节粗大，第 3 节稍长于第 4 节。

● 观察时间：4—10 月。● 分布：广东、海南、广西、云南；印度、尼泊尔、老挝、菲律宾。

❷ 愈斑南瓜天牛 *Apomecyna saltator*

体长 6 ～ 14 mm。体呈红褐色到褐黑色，被棕黄色短绒毛。头、足和腹面常杂有许多不规则的小白毛斑。前胸背板中区有一块不很明显的横形白色斑纹，由许多小斑点合并组成，中央较宽，向侧较狭，向后则形成一条中直纹。每鞘翅上有 2 块大白斑，一处于中区之上，另一处于中区之下，每块斑纹都由许多小斑点合并组成，翅端部尚有三四个圆斑，除这些斑纹外还有许多更小的较不显著的白色斑点，以近中缝、外缘及端缘处为多。触角仅及体长之半稍强，第 3 节较柄节或第 4 节稍长。

● 观察时间：4—10 月。● 分布：江苏、浙江、湖北、江西、湖南、台湾、福建、广东、海南、香港、广西、贵州、云南；尼泊尔。

❸ 俏天牛 *Callomecyna superba* （别名：福建俏天牛）

体长 11.5 ～ 14 mm。体黑色。触角黑褐色，第 4 节之后各节基部具白环。前胸背板黑色，两侧各具 3 条横纹和 1 条斜纹，斜纹与第 3 条横纹相交。鞘翅基部具三角形黑斑，黑斑中有一对黑色眼点，端部也具黑色，并具奇特的直立白色簇毛，其余部分密被黄褐色和灰白色短绒毛。足黑色被黄褐色和灰白色绒毛斑纹。触角约等于体长，柄节膨大，第 3 节长于柄节。翅端缩窄，平切。

● 观察时间：6—9 月。● 分布：湖南、福建、广东、广西、重庆、贵州。

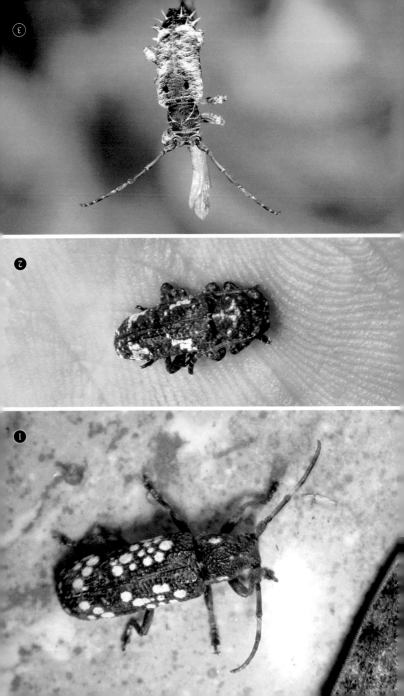

❶ 黑翅短节天牛 *Eunidia atripennis*

体长 10 mm 左右。体黑色，触角黑色。头、前胸、中胸前侧片、中胸后侧片及后胸前侧片暗棕色，被金黄色绒毛。小盾片、鞘翅和足黑色被淡灰色绒毛。触角细，超过体长，雄虫比雌虫更长，柄节棒状，向端部逐渐膨大，长度约等于（雌虫）或超过（雄虫）第 3 节长度的 3 倍，与第 4 节至第 6 节各节约等长，以下各节依次递减。前胸背板后端较前端略窄。鞘翅宽于前胸，两侧近于平行，端部稍圆形。足较短，后腿节达腹部第 2 节端部。

● 观察时间：6—7 月。● 分布：湖北、重庆、贵州、云南。

❷ 黑角短节天牛 *Eunidia atripes*

体长 7 mm 左右。触角和足黑色。头、前胸、小盾片、鞘翅红棕色，被黄褐色绒毛。触角细，超过体长，雄虫比雌虫更长，柄节棒状，向端部逐渐膨大，第 2 节和第 3 节均非常短小，第 3 节仅稍长于第 2 节，柄节与第 4—6 节各节约等长。前胸背板筒形。鞘翅宽于前胸，两侧近于平行，端部圆形。足较短，后腿节达腹部第 2 节端部。

● 观察时间：5 月。● 分布：广东。

❸ 线纹粗点天牛 *Mycerinopsis lineatus*

体长 9 ~ 17 mm。体黄褐色。触角和足黄褐色被灰黄色毛。头、前胸、小盾片、鞘翅棕褐色被黄褐色绒毛，绒毛的疏密不同形成一些纵条纹。前胸背面中央两侧可见 2 条深色纵斑。每鞘翅背面可见 4 条浓密绒毛纵条纹，鞘缝 1 条，侧缘 1 条，中间两条在端部相接。触角细长，远超过体长，雄虫比雌虫更长，第 3 节长于柄节。前胸背板基部宽于前端。鞘翅宽于前胸，向后狭缩，端部尖圆形。足较短，腿节微膨大。

● 观察时间：4—9 月。● 分布：湖南、江西、福建、广东、海南、香港、云南；印度、缅甸、越南、老挝、马来西亚。

❶ 蓝翅重突天牛 *Astathes violaceipennis*

体长 12 ~ 15 mm。体椭圆形，略宽阔。头、胸、小盾片、触角基部 5 节、足的基节、腿节、胫节的基部及体腹面黄褐色，腹部色深褐色。鞘翅呈紫罗蓝色，触角末端 6 节、胫节大部分及跗节黑色。头、胸着生淡黄色长毛，鞘翅上着生黑色卧毛，两侧缘黑毛较密，体腹面被黄褐色绒毛。复眼完全分离成上、下两叶，复眼下叶近于圆形。触角粗壮，末端尖削，触角长度短于鞘翅。前胸背板宽胜于长，前缘略窄，后端宽。鞘翅末端圆形。

● 观察时间：5—10 月。● 分布：广西、西藏；印度、尼泊尔、缅甸、越南、老挝、泰国。

❷ 粒肩天牛 *Apriona germarii*

体长 38.5 ~ 46 mm。根据 Eric Jiroux 的研究，中国内地常见的粒肩天牛其实是后面介绍的皱胸粒肩天牛。真正的粒肩天牛与后一种的区别在于前胸背板前后横沟之间不规则的横皱较少，鞘翅基部黑色光亮的瘤状颗粒较稀疏而少。图片为来自印度的标本。

● 观察时间：8 月。● 分布：印度、尼泊尔、不丹、孟加拉国。

❸ 皱胸粒肩天牛 *Apriona rugicollis*

体长 31 ~ 47 mm。体黑色，全体密被绒毛，一般背面青棕色，腹面棕黄色，有时腹面同样青棕色，或背、腹部都呈棕黄色，深淡不一。鞘翅中缝及侧缘、端缘通常有一条青灰色狭边。触角雌虫较体长略长，雄虫超出体长两三节，柄节端疤开放式，从第 3 节起，每节基部约 1/3 灰白色。前胸背板前后横沟之间有不规则的横皱或横脊线；中央后方两侧、侧刺突基部及前胸侧面均有黑色光亮的隆起刻点。鞘翅基部密布黑色光亮的瘤状颗粒，占全翅 1/4 ~ 1/3 的区域；翅端内、外端角均呈刺状突出。

● 观察时间：6—8 月。● 分布：辽宁、北京、河北、山西、山东、河南、陕西、甘肃、青海、江苏、上海、安徽、浙江、湖北、江西、湖南、福建、台湾、广东、海南、香港、广西、四川、贵州、西藏；俄罗斯、朝鲜、韩国、日本。

① **灰绿锈色粒肩天牛** *Apriona swainsoni basicornis*

体长 28 ~ 36 mm。体背被褐绿色茸毛。鞘翅上散布银灰色细毛斑，较不显著，但排列较整齐成行。触角第 4 节端半部及以后各节均呈赭褐色。触角较体略短（雌）或略长（雄），柄节粗短，短于第 3 节，略长于第 4 节，第 1—5 节下侧有稀疏细短毛。前胸背板宽胜于长，前、后端两条横沟明显，侧刺突尖锐，背面具粗突。鞘翅无肩刺，翅基 1/5 部分密布黑色光滑颗粒，翅表散布细刻点，翅端平切，缝角与缘角均具小刺。

● 观察时间：5—7 月。● 分布：海南、云南；越南、泰国。

② **圆八星白条天牛** *Batocera calana*

体长 31 ~ 60 mm。体黑色，密被青棕灰色绒毛，前胸背板中央有一对红色肾形斑纹。小盾片黄色。每一鞘翅上有红色圆斑 4 个，近乎相等，沿中线排成一直行。和榕八星天牛很接近。雄虫触角超出体长 2/3，从第 3 节起每节内端具较长的刺。前胸侧刺突端部较细。翅末端较狭，较向内斜切。

● 寄主植物：主要为害芒果。● 观察时间：6—7 月。● 分布：福建、台湾、海南、云南、西藏；印度、孟加拉国、缅甸、越南、马来西亚、印度尼西亚。● 备注：之前很多文献通常用 *Batocera parryi*。

③ **云斑白条天牛** *Batocera horsfieldi*

体长 32 ~ 67 mm。体黑色或黑褐色，密被灰色绒毛，有时灰中部分带青色或黄色。前胸背板中央有一对肾形红色毛斑。小盾片被黄色。鞘翅绒毛斑形状不规则，且变异很大，有时翅中部前有许多小圆斑，有时斑点扩大，呈云片状。体腹面两侧各有白色直条纹一道。触角雌虫较体略长，雄虫超出体长 3 ~ 4 节。前胸背板前、后横沟间中央部分相当平坦，侧刺突微向后。鞘翅肩刺上翘，基部 1/5 密布瘤状颗粒，翅末端向内斜切，外端角略尖，有时钝圆，内端角呈刺状。

● 观察时间：6—7 月。● 分布：吉林、北京、河北、山西、山东、河南、陕西、江苏、安徽、浙江、湖北、江西、湖南、福建、广东、广西、四川、云南、贵州、西藏；印度、不丹、尼泊尔、缅甸、越南。

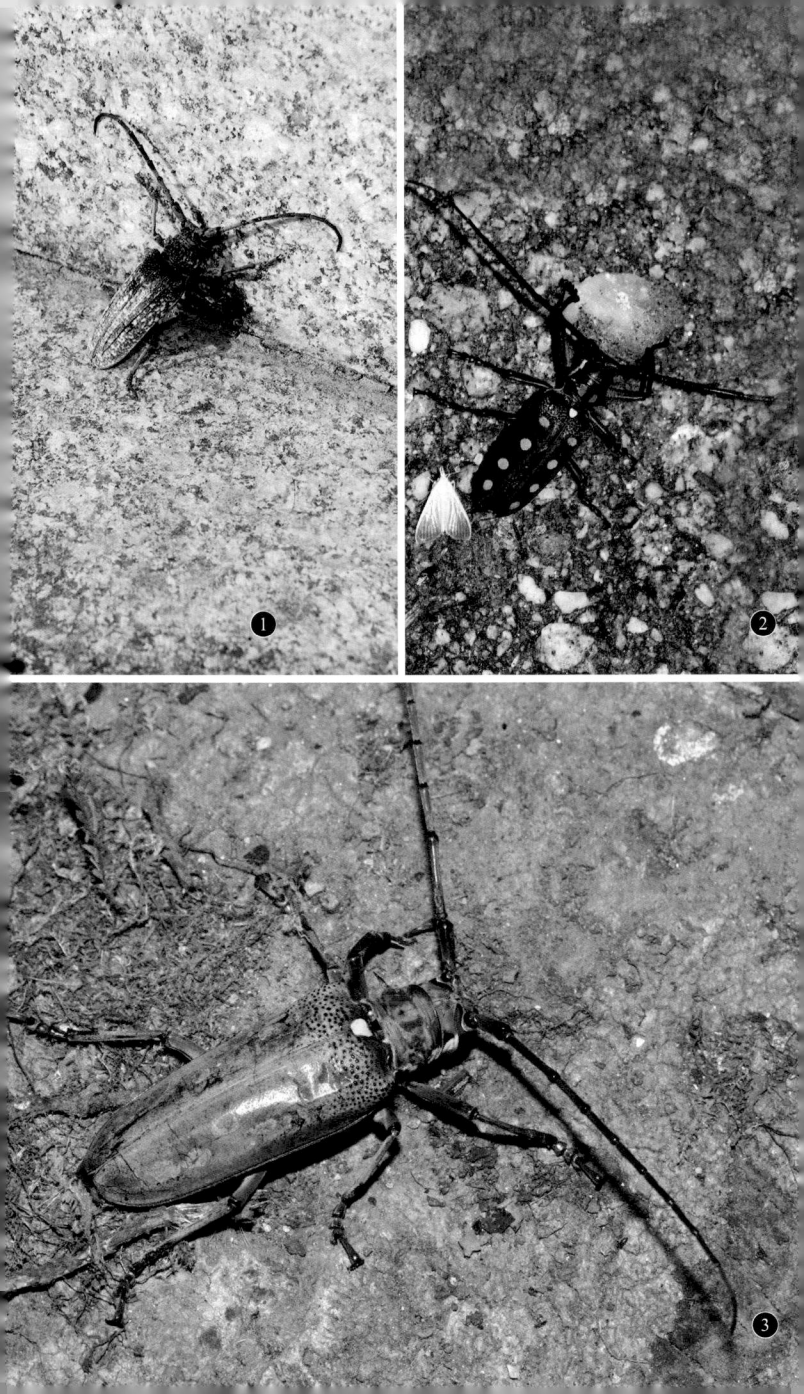

❶ 密点白条天牛 *Batocera lineolata*

体长 40 ～ 73 mm。本种与前一种云斑白条天牛非常相似，在昆虫经济志中被建议为"两者系同物异名"。笔者对该属种类没有深入研究，但采用分两种的观点。本种与前者的区别包括：鞘翅基部 1/4 密布瘤状颗粒，比前一种更密而且更多。从这次收集的图片来看，本种绒毛斑点在活着的时候呈黄色或者白色，前胸和鞘翅绒毛斑的颜色与小盾片的颜色一致。而前一种小盾片单独显示黄色，前胸和鞘翅的绒毛斑则是红色的。

● 观察时间：5—9 月。● 分布：河北、陕西、江苏、上海、安徽、浙江、湖北、江西、福建、台湾、广东、海南、广西、四川、贵州、云南；韩国、日本、印度、老挝。

❷ 白条天牛 *Batocera rubus* （别名：榕八星白条天牛）

体长 26 ～ 56 mm。体赤褐色或绛色，头、前胸及前足腿节较深，有时接近黑色。全体被绒毛，背面较细疏，灰色或棕灰色。腹面的较长而密，棕灰色或棕色，有时略带金黄色，两侧各有一条相当阔的白色纵纹。前胸背板有一对红色或橘红色（标本通常呈白色）绒毛斑，小盾片密生白毛。每一鞘翅上各有 4 个白色圆斑，第 4 个最小，第 2 个最大，较靠中缝，其上方外侧常有一两个小圆斑，有时和它连接或并合。雄虫触角超出体长 1/3 ～ 2/3，其内沿具细刺；雌虫触角较体略长，具刺较细而疏。前胸侧刺突粗壮，尖端略向后弯。鞘翅肩部具短刺，基部瘤粒区域肩内占翅长约 1/4，肩下及肩外占 1/3。翅末端平截。

● 寄主植物：榕属、芒果、木棉、美洲胶、重阳木、鸡骨常山、刺桐等。● 观察时间：3—6 月，9—10 月。● 分布：山西、陕西、浙江、福建、台湾、广东、海南、香港、广西、四川、贵州、云南；朝鲜、韩国、日本、巴基斯坦、印度、尼泊尔、越南、菲律宾、马来西亚、印度尼西亚。

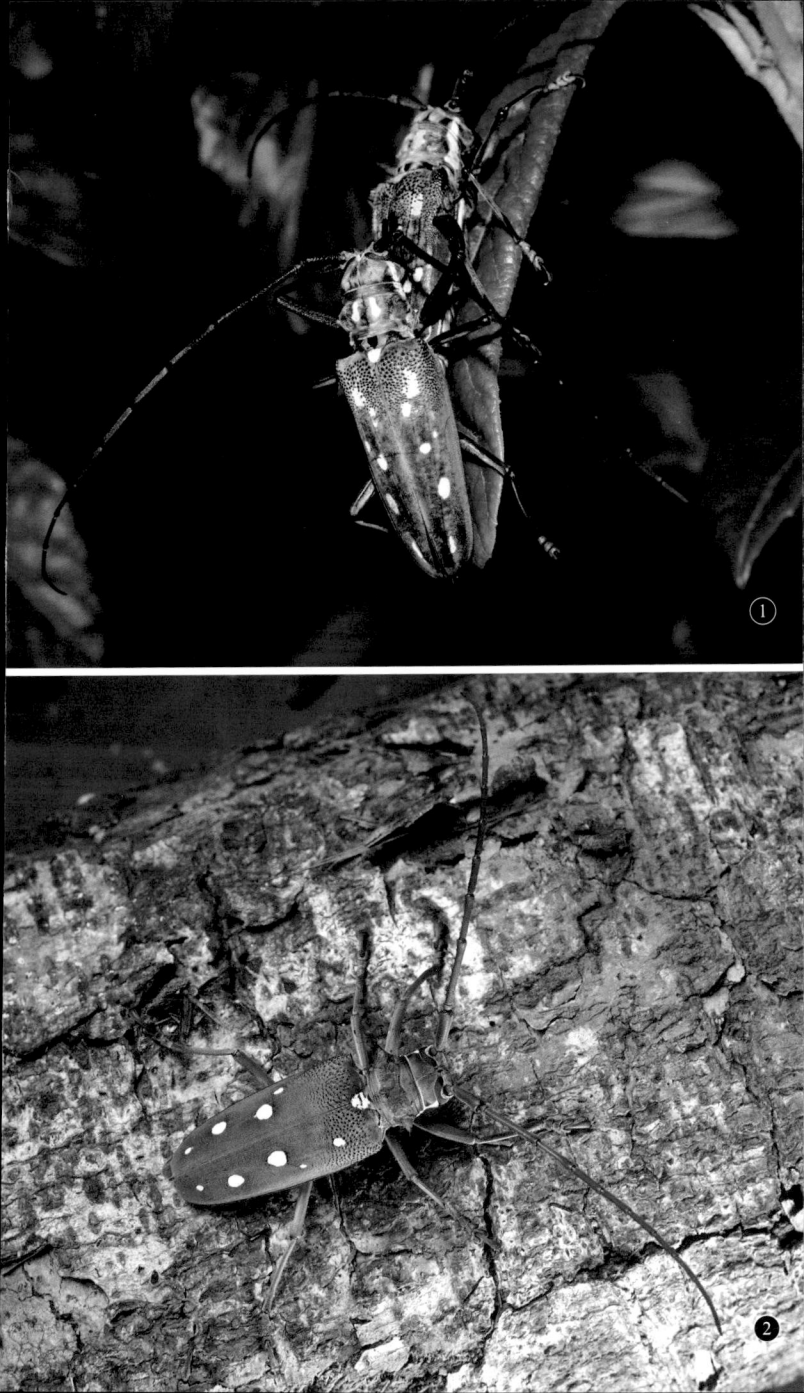

① 丛角天牛 *Thysia wallichi*（别名：木棉丛角天牛）

体长 27 ~ 42 mm。体背面橄榄绿，有时绿中带蓝，但一般或多或少带紫铜色，鞘翅上尤为显著。触角蓝绿色闪光，生有多丛黑毛，最显著的是第3—5节，各节端部各有一大簇黑毛，很像洗瓶子的刷子。柄节下沿簇毛亦很密，第11节下沿及末端外沿毛都很长而密。前胸背板前、后缘区生有朱红色绒毛。每一鞘翅上有3条横黑斑，第2，3条有时也中断而分割为二。腹面朱红色绒毛极为耀眼，在腹部第1—4节则在每节中部形成为一条很阔的红色横带，其前有一条蓝色绒毛横条，较狭，在尾节形成为两个大红斑，在各足基节及腿节基部亦各形成为耀眼的红斑点。雄虫触角超出体长 1/2 左右，雌虫约与体等长。前胸背板两侧各有一小刺突，刺前有一个瘤状突起。

● 寄主植物：木棉。● 观察时间：3—5月，7月，10月。● 分布：广东、广西、四川、贵州、云南；巴基斯坦、印度、尼泊尔、越南、缅甸、伊朗。

② 白网污天牛 *Moechotypa alboannulata*

体长 15 ~ 18 mm。体较宽短，黑褐色，被暗褐色细毛。触角第3节以后各节基部环生白色细毛。前胸背板两侧每个穴状粗刻点周围有细线条白色网状孔纹。鞘翅由网孔状白色细绒组成3个横带。鞘翅表面纵列较深色的小圆形毛斑。复眼断裂，下叶长略大于宽。触角略长过体，柄节肥短，第3节约为柄节的2倍，第4节略短于第3节。前胸背板中央两侧各有一个瘤状突起。鞘翅基部 1/4 处各有一个发达的毛瘤，密生黑色粗竖毛，鞘翅末端左右相合成圆弧。

● 观察时间：6—8月。● 分布：湖南、广西、四川、贵州。

③ 树纹污天牛 *Moechotypa delicatula*

体长 16 ~ 26.5 mm。体黑色，被黑色、灰色、淡红色绒毛。红色绒毛斑分布于后头、鞘翅基部和端部以及腿节中部、胫节中部和第1，5跗节。鞘翅大部分为灰色。触角自第3节起各节基部都有一淡色毛环。触角远长于体，柄节长度不及第3节之半，第4节短于第3节。前胸背板和鞘翅多瘤状突起，鞘翅基部 1/5 有3条短纵脊。前胸侧刺突末端钝圆。鞘翅宽阔，末端圆。

● 观察时间：10月。● 分布：广东、广西、贵州、海南、湖南、四川、台湾、浙江、云南；印度、孟加拉国、缅甸、越南、老挝、印度尼西亚。

❶ 双簇污天牛 *Moechotypa diphysis*

体长 16 ~ 24 mm。体黑色，前胸背板和鞘翅多瘤状突起，鞘翅基部 1/5 处各有一丛黑色长毛，极为显著。有时在其前方及侧方另有两小丛较短的黑毛。体被黑色、灰色、灰黄色及火黄色绒毛。鞘翅瘤突上一般被黑绒毛，淡色绒毛则在瘤突间，围成不规则形的格子。腹面有极显著的火黄色毛斑，有时带红色。触角自第 3 节起各节基部都有一淡色毛环。触角雄虫较体略长，雌虫较体稍短。柄节长度仅及第 3 节一半。前胸侧刺突末端钝圆，其前方另有一个较小瘤突。鞘翅宽阔，多瘤状突起，末端圆。

● 寄主植物：栎属。● 观察时间：5—6 月。● 分布：古北及中国中部。

❷ 污天牛 *Moechotypa suffusa*（别名：红条污天牛）

体长 22 mm 左右。体黑色，被淡红色、灰绿色、黑色绒毛。触角柄节中部黑色，其余各节端部黑色，基部灰白色。足淡红色，腿节和胫节各具两三个黑斑。前胸背面具 3 个黑色纵纹。小盾片中央黑色，边缘白色。鞘翅大部分灰色，基部和端部之前具黑色横带，纵向各具 5 条淡红色纵纹。触角远长于体，柄节长度不及第 3 节之半，第 4 节短于第 3 节。前胸 2 个侧刺突末端钝圆。鞘翅基部 1/5 处有 2 条短纵脊，末端圆。腿节粗短，膨大。

● 观察时间：1—4 月。● 分布：海南、云南；越南、老挝、泰国、柬埔寨。

❸ 多脊草天牛 *Eodorcadion multicarinatum*

体长 14.5 ~ 18 mm。体红褐色或近黑色。触角长于体（雄）或伸达鞘翅端部 1/4；触角节具白色毛环。前胸侧刺突尖而狭，背板中线具粗糙刻点，具光滑的瘤突，具一对中区绒毛纵带。鞘翅刻点粗糙，纵脊显著，覆盖稀疏的灰白色绒毛。在鞘缝与肩部的白色条带之间约有 9 条脊。有些脊在基部部分融合至消失。鞘缝附近没有脊，密被灰白色毛。肩部毛纹多少明显，弯曲的边缘也具灰白色绒毛（包括缘折），但不具显著的条带。

● 观察时间：7—8 月。● 分布：内蒙古、陕西、甘肃、青海。

❶ 密条草天牛 *Eodorcadion virgatum*

体长 12 ~ 22 mm。体长卵形，黑色至黑褐色。头及前胸背板各有两条大致平行的淡灰色或黄色绒毛纵纹。小盾片两侧具灰白色绒毛。每个鞘翅约有 9 条灰白色或淡黄色绒毛条纹，条纹清楚，不很窄，有时外侧条纹愈合，中缝光滑无毛。体腹面密被灰白色或灰黄色绒毛，足被稀少绒毛。触角粗壮，或多或少扁平，向端部逐渐趋细，雄虫触角伸至鞘翅端部，第 3 节稍长于柄节，雌虫触角稍短，第 3 节同柄节约等长。前胸背板宽胜于长，侧刺突基部粗大，顶端较钝。鞘翅两侧缘弧形，中部较宽，十分拱凸，末端圆形。足粗壮。

● 观察时间：6—8 月。● 分布：内蒙古、北京、河北、甘肃；蒙古。

❷ 白腹草天牛 *Eodorcadion brandti*

体长 17.5 ~ 29 mm。体长椭圆形，黑色。触角第 3—10 节的各节基部具白色绒毛，背面中央具 2 条白纹，两侧（触角基瘤后）具不显著白点。前胸背板中纵沟两侧有不均匀白色绒毛分布，一般在中纵沟两侧的前方及侧刺突上，绒毛较浓密。小盾片两侧有白色绒毛。每鞘翅具显著的白色绒毛纵条纹 3 条，鞘缝不具绒毛。体腹面及足被浓密白色绒毛，胫节后端两侧和跗节两侧具少许淡黄色绒毛，跗节下面具褐色毛。雄虫触角长度稍超出翅末端。前胸背板宽显胜于长，每侧缘中部各有一个圆锥状侧刺突。鞘翅稍拱凸，末端圆。

● 观察时间：8 月。● 分布：新疆；哈萨克斯坦。

❸ 黄角草天牛 *Eodorcadion jakovlevi*

体长 13 ~ 17 mm。体黑色或红色。足和触角红色，触角的白色毛环不明显。雄虫触角长于体长，雌虫触角与体等长或稍短。前胸侧刺突显著，前胸背板中央具 2 条紧密排列的白色绒毛纵纹。小盾片卵形，密布白色绒毛，具较宽的光滑中线。鞘翅黑色，光滑具闪光，每鞘翅具 4 条白色纵带纹。

● 观察时间：6—8 月。● 分布：内蒙古。

1 粉天牛 *Olenecamptus bilobus*

体长 9 ～ 20 mm。体略呈圆筒形，棕红色。腹面黑色或褐黑色，密被白色粉毛；背面被灰黄色绒毛。每鞘翅上有 3 个粉毛圆斑，呈白色或奶油色，亦有少数个体呈淡棕红色。鞘翅基部肩外侧区亦有一块不规则形状的粉毛斑点。鞘翅圆斑大小颇有变异，第 1 个较大，极近中缝，处于小盾片之下；第 2 个最小，处于基部 1/4 处的中央，但较近外缘；第 3 个处于端部 1/3 处，较近中缝。触角很细长，为体长的 2 ～ 3 倍，第 3 节最长。鞘翅外端角一般尖锐。

● 寄主植物：国内记载为害榕属植物，幼虫一般蚀食已死树枝，但亦有侵害活枝的。据记载，本种在印度为害桑、木菠萝、芒果、羊蹄甲等，有时很严重。● 观察时间：4—10 月。● 分布：古北区、东洋。

2 条饰粉天牛 *Olenecamptus dominus*

体长 11 ～ 30 mm。体圆筒形，深棕红色。头顶两触角基瘤之间具 2 个很小的白斑，复眼上叶之后各具一个黄斑。前胸背板基缘两侧有一极小斑点，均被白色粉毛。小盾片密被黄色绒毛。每鞘翅上有 2 条断续的黄色粉毛纵条纹，断续处为更小的白色小点，中间还有一条由小白斑组成的纵纹，仅达鞘翅中部。触角细长，远长于体长，第 3 节最长。鞘翅末端圆形。

● 观察时间：4—6 月。● 分布：海南、云南；印度、柬埔寨。

3 八星粉天牛 *Olenecamptus octopustulatus*

体长 8 ～ 15 mm。体淡棕黄色，腹面黑色或棕褐色，腹部末节棕黄色，触角与足通常较体色为淡。腹面被白色绒毛，中央稀疏，两侧厚密，尤以胸部为然。体背面被黄色绒毛，头部沿复眼前缘、内缘和后侧以及头顶等或多或少被白色粉毛。前胸背板中区两侧各有白色大斑点 2 个，一前一后，有时愈合。小盾片被黄毛。每鞘翅上有 4 个大白斑，排成直行：第 1 个靠基缘，位于肩与小盾片之间；第 4 个位于翅端。触角极细长，为体长的 2 ～ 3 倍。

● 观察时间：6—7 月。● 分布：古北区及中国南方。

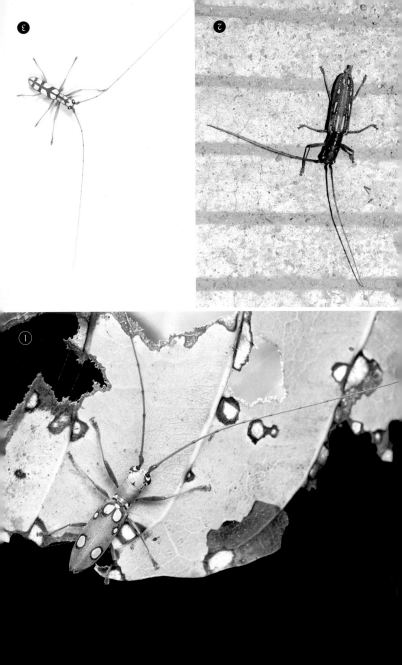

❶ 黄星粉天牛 *Olenecamptus siamensis*

体长 14 ~ 22 mm。体圆筒形，深棕红色。触角从第 3 节起末端具很小的黑斑。头顶复眼上叶之后各具一个黄斑，略呈三角形。前胸背板具 4 个小的白色粉毛斑点，分别位于前后缘的两侧。小盾片密被白色粉毛。每鞘翅上有 4 个不规则形状的粉毛斑，位于鞘翅中央纵向排列，均不接触鞘缝和边缘，前 3 个大小差不多，第 4 个稍小。触角细长，远长于体长，第 3 节最长。鞘翅基部较前胸为阔，两侧几乎平行，在端部 1/5 处开始狭缩，末端斜切。

● 观察时间：3—10 月。● 分布：台湾、云南；缅甸、越南、泰国、印度尼西亚、马来西亚。

❷ 榕指角天牛 *Imantocera penicillata*

体长 11 ~ 20 mm。体黑色，体背面被黑色、黄色、棕褐色及灰色相互嵌镶的绒毛。前胸背板两侧各有一个较小、长形黄色绒毛斑纹，小盾片被黄色绒毛。每个鞘翅端末有一个黄色或黄褐色绒毛眼状斑纹，翅面有黄褐色或棕红色绒毛略成点状纵行排列。跗节红褐色被淡黄色绒毛。额横阔，复眼分成两叶，仅一线相连。触角第 3—5 节端部内侧膨大突出，尤其第 4 节十分膨阔，中部之后逐渐膨大，端部成指状突出，具毛刷状簇毛，有时第 5 节端部不膨大。前胸背板侧刺突圆锥形，胸面中区有 6 个瘤突。

● 观察时间：4—10 月。● 分布：广西、贵州、云南；印度、尼泊尔、缅甸、越南、老挝、马来西亚。

❸ 三带拱翅天牛 *Tinkhamia hamulata lantauana*

体长 6 mm 左右。体黑色，被灰色绒毛和显著的灰色和黑褐色直立竖毛。每鞘翅上有 4 个黑斑，第 1 个位于鞘翅基部倒刺突处，第 2 个是中央之前的宽横带，且在鞘缝处向前延伸，第 3 个在翅端 1/3 处，末端的一个不太明显。触角长于体长，第 3 节最长。前胸背板基部狭窄，端部远宽于基部。中部的侧刺突短钝，在背面中部略前具一对向后弯的尖刺。鞘翅基部狭窄，具一对向后弯的尖刺，强烈拱突并扩宽，中部之后又狭缩，末端圆。

● 观察时间：6 月。● 分布：广东、香港。

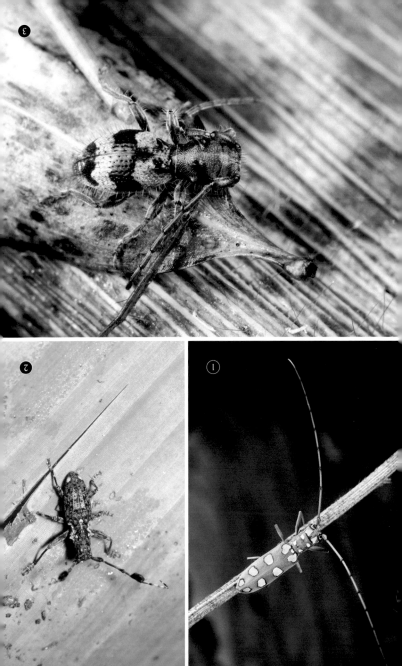

① 棘翅天牛 *Aethalodes verrucosus* （别名：黑棘翅天牛）

体长 22 ~ 33 mm。体中等至较大型，黑色，无光泽。鞘翅及体腹面被暗褐色鳞片。雄虫触角伸至鞘翅端部，雌虫触角长达鞘翅中部，第 2，3 两节的总长度和第 4 节等长，柄节长于第 4 节。前胸背板宽胜于长，侧刺突较细，顶端尖锐；中区有 5 个瘤突，中央瘤突最大。鞘翅长形，拱凸，肩宽，端部稍窄，端缘圆形；每个鞘翅有 4 纵行粗大齿状瘤突及 5 纵行细小瘤突，大小瘤突纵行列彼此相间；沿中缝及外侧缘从基部至中部各有一条短纵列的小瘤突。

● 观察时间：6—7 月。● 分布：浙江、湖北、江西、湖南、福建、广东、广西、四川、贵州；越南。

② 双带长毛天牛 *Arctolamia fasciata*

体长 22 ~ 40 mm。体黑色。头、胸、鞘翅最基部、触角第 1—6 节基半部（第 2 节全黑色）、小盾片及足，均密被赭红色至赭黄色细毛；触角节端部至端半部有黑色或棕黑色长簇毛。头部、前胸背板前方、鞘翅均稀生棕色长竖毛；鞘翅上有 2 条宽窄的黑横带。触角柄节粗壮，与第 3 节约等长，雄虫触角较体长过 1/4，雌虫较体长略短。前胸背板具多数不规则皱脊，中央隆起成一巨瘤，侧刺突尖锐，端部向后弯。鞘翅两侧平行，后端稍狭，翅端浑圆，肩部具粗大颗粒。

● 观察时间：4—11 月。● 分布：广西、云南；缅甸、越南、老挝、马来西亚。

③ 三斑长毛天牛 *Arctolamia fruhstorferi*

体长 40 mm 左右。体黑色。头、胸、触角第 1—6 节基半部（第 2 节全黑色）、小盾片及足，均密被赭红色细毛；触角节端部至端半部有黑色或棕黑色长簇毛。头部、前胸背板前方、鞘翅均稀生棕红色长竖毛。每鞘翅有 3 个黑斑。触角较体稍长，柄节粗壮，与第 3 节约等长。前胸背板具多数不规则皱脊，中央隆起成一巨瘤，侧刺突尖锐。鞘翅两侧平行，后端稍狭，翅端浑圆。

● 观察时间：7—8 月。● 分布：广西、四川、贵州、云南；越南。

① 粒翅天牛 *Lamiomimus gottschei* （别名：双带粒翅天牛）

体长 26 ～ 40 mm。体黑褐色或黑色，不光亮。全身被茶褐色和淡豆沙色绒毛，后者形成遍体淡色小斑点，在腹面分布较密。小盾片密生淡色毛，基部有一个三角形黑色无毛小区。鞘翅中部前的一广阔横区及翅端部分 1/3 区域具宽阔淡豆沙色绒毛横条，其他则为散乱的淡色小斑点。触角黑褐色，端部稍淡。触角短，雄虫超过体尾 3 ～ 4 节，雌虫较体稍短，第 3 节显较第 1，4 节为长。前胸背板中瘤较明显凸起，其侧有 4 个瘤突，呈八字形分立于左右，侧刺突壮大。鞘翅基部满布瘤状小颗粒，占全翅的 1/3 左右，翅末端切平。

● 寄主植物：柳树、檞树。● 观察时间：5—6 月。● 分布：黑龙江、吉林、辽宁、北京、河北、山西、山东、河南、陕西、甘肃、江苏、安徽、浙江、湖北、江西、湖南、广西、四川、贵州；俄罗斯、韩国、朝鲜。

② 桑拟象天牛 *Agelasta perplexa*

体长 11 ～ 18 mm。体栗黑色，触角及足部分栗红色，全身密被栗色、棕红色及灰白色花斑。头顶两眼之间有 5 条直纹：3 条棕红色，2 条栗色，彼此相间，中间棕红色斑纹中尚有一条栗色线纹，向下直达额前缘。前胸背板中区有 3 条栗色直纹。小盾片中区棕红色，两边栗色。鞘翅上栗色斑纹，除分散的圆点外，形成 3 条阔带纹，纹内杂有淡色斑。触角下沿具缨毛，自第 3 节起每节基部淡色，一般第 3，4 节外沿淡棕色，内沿灰白色，第 9 节有时纯栗色或仅具极狭淡色斑。触角雄虫超出体长 1/4，雌虫与体等长。前胸阔胜于长，侧部近前缘处有一小瘤。鞘翅基部有少数的小颗粒，翅端圆。

● 寄主植物：桑。● 观察时间：8—10 月。● 分布：辽宁、河南、上海、浙江、江西、福建、台湾；韩国、日本。

❶ 双带拟象天牛 *Agelasta bifasciana*

体长 15 ～ 23 mm。体黑色，全身密被黑色、灰绿色及灰白色花斑。头顶两眼之间有 2 条灰绿色细纹，复眼上叶后面具 2 条稍粗的灰绿色线纹。前胸背板中区有 3 条灰绿色直纹，每侧又各具 2 条细纹。小盾片中区和末端灰绿色，基部两边黑色。鞘翅具 2 条显著黑色带纹，弯弯曲曲并镶有灰绿色边。其他地方杂有淡色斑和黑斑。触角自第 4 节起每节基部淡色，超过体长。鞘翅翅端圆形。

● 观察时间：6—8 月。● 分布：江西、云南、西藏；印度、尼泊尔、孟加拉国、越南、老挝。

❷ 麻点瘤象天牛 *Coptops leucostictica*

体长 15 ～ 27 mm。体长椭圆形，较扁阔，基底黑色，全身密被淡黄褐色及灰白色毛相间成的细斑纹，鞘翅无绒毛处，形成黑色圆斑点。触角柄节同体被一致绒毛纹，第 2 节及以下各节基部的 1/2 被淡黄色绒毛，其余部分被黑色绒毛。胫节、跗节被灰色绒毛，胫节端部黑色。雄虫触角超过体长的 1/2，雌虫触角则达鞘翅末端；触角柄节稍长于第 3 节，第 3 节略长于第 4 节。前胸背板宽显胜于长，两侧近前端各有一个小瘤突。鞘翅翅端圆形。

● 寄主植物：据资料记载，有大叶羊蹄甲、娑罗双树、印度乳香、吉纳、香须树、合欢属、榄仁树属、野桐属等。● 观察时间：4—11 月。● 分布：广西、贵州、云南、西藏；印度、尼泊尔、缅甸、越南、老挝、柬埔寨、马来西亚。

❸ 橡胶麻点瘤象天牛 *Coptops leucostictica rustica*

体长 16.6 ～ 24 mm。体长椭圆形，基底黑色，全身密被金黄色与淡黄色绒毛相间成的细斑纹。鞘翅无绒毛着生处形成黑色小圆点，每翅有 2 条暗黑色横带，分别位于基部及中部之后。胫节端部及跗节被黑色绒毛，触角自第 3 节起的各节基部被淡褐色绒毛。触角柄节较粗而长，同第 3 节等长，以下各节的长度依次减短而趋细。前胸背板宽显胜于长，两侧近前端各有一个小瘤突。鞘翅较粗短，后端稍窄，端缘圆形。

● 寄主植物：橡胶树。● 观察时间：6—8 月。● 分布：海南、广西。

1 **圆尾长臂象天牛** *Golsinda basicornis*

体长 14 ～ 26 mm。体黑色，布满红色斑点，多数呈圆形。触角柄节大部分或仅中部具红色，第 3 节起基部红色端部具黑色。足也具相间的红斑和黑斑。头顶两眼之间有 2 条红色斜斑，止于复眼后缘稍后方，复眼上叶后面具 2 个红斑。前胸背板 10 ～ 14 个红斑，每侧又各具红斑。小盾片被或不被红色绒毛。每鞘翅的红斑多于 20 个。触角稍超过（雌）或远长于（雄）体长。鞘翅翅端圆形。

● 观察时间：3—7 月。● 分布：贵州、云南；孟加拉国、缅甸、越南、老挝、泰国。

2 **瘦象天牛** *Leptomesosa cephalotes*

体长 12 ～ 23 mm。体黑色被灰白色毛，具黑色和淡红色斑点。触角除第 2 节外各节基部具白环。足具相间的淡红色斑和黑斑。头顶中线黑色。前胸背板具 2 个显著的黑色纵斑，其余部分粉红色间杂小黑点。小盾片端缘淡红色。每鞘翅基部 1/5 处具显著黑色短横斑，其他部分粉红色、淡灰色和小黑点相间。触角超过体长。鞘翅翅端浑圆。

● 观察时间：3—8 月。● 分布：四川、云南；老挝。

3 **哈朗瘦象天牛** *Leptomesosa langana*

体长 18 ～ 19 mm。体黑色被灰绿色毛，具黑色和粉红色斑点。触角除第 2 节外各节基部具粉红色环。足具相间的淡红色斑和黑斑，淡红色部分较多。头顶中线黑色，两侧具粉红色斑。前胸背板具 2 个不显著的黑色纵斑，其余部分粉红色间杂小黑点。小盾片密被灰绿色绒毛。鞘翅基部 1/5 处具显著黑色横斑，端部具不显著粉红色横斑夹杂黑点，其他部分灰绿色夹杂小黑点。触角超过体长。鞘翅翅端浑圆。

● 分布：海南；越南。

❶ 四点象天牛 *Mesosa myops*

体长 7 ~ 16 mm。体黑色，全身被灰色短绒毛，并杂有许多火黄色或金黄色的毛斑。前胸背板中区具丝绒般的斑纹 4 个，每个黑斑的左右两边都镶有相当阔的火黄色或金黄色毛斑。鞘翅饰有许多黄色和黑色斑点，每翅中段的灰色毛较淡，在此淡色区的上缘和下缘中央，各具一个较大的不规则的黑斑，其他较小的黑斑大致圆形；黄斑形状各殊，分布遍全翅。小盾片中央火黄色或金黄色，两侧较深。鞘翅沿小盾片周围的毛大致淡色。复眼很小，分成上下两叶，其间仅有一线相连。触角雄虫超出体长 1/3，雌虫与体等长。

● 寄主：苹果、桃树、漆树、赤杨、枪、榔榆。● 观察时间：6—9 月。
● 分布：古北及中国南方。

❷ 异斑象天牛 *Mesosa stictica*

体长 11 ~ 14.5 mm。体形宽短长方形。体黑色，被灰白色细毛，杂以黑色和橙红色毛斑。头部颊及后头中央两侧各有一橙红色毛斑。触角第3—5 节基部环生橙红色细毛，第 6 节以后，环生灰白色细毛。前胸背板有 4 个卵形黑绒毛斑，前方 2 个较大，黑斑两侧有橙红色毛斑，背板中线上有不明显的橙红色细纵条。鞘翅上散布黑绒毛小圆斑，略成纵行，黑斑之间杂有橙红色小斑点，在中部前后形成不很明显的曲折的二横带。触角长于体。

● 寄主植物：洋槐、胡桃、山核桃、酸枣、荬梨、云南松。● 观察时间：5—7 月。● 分布：北京、山西、山东、河南、陕西、甘肃、浙江、湖北、四川、贵州、云南、西藏。

❸ 黑点象天牛 *Mesosa atrostigma*

体长 16.6 mm 左右。体黑色，散布黑色和灰白色斑点。触角第 3 节起基部具白环，其他部分黑色。前胸背板具 5 个黑斑。鞘翅共具 14 个较明显的黑斑，其中中缝处合并为一。白纹一般横向，不显著，端部 1/3 处的一条稍明显。足间杂黑色和灰色斑点。触角长于体，柄节较长，同第 4 节近于等长，第 3 节长于柄节，第 4 节之后的各节依次渐短。小盾片舌形。鞘翅端缘圆形。

● 观察时间：6—7 月。● 分布：安徽、浙江、福建、台湾、广西。

❶ 恋纹象天牛 *Mesosa irrorata*

体长 13 ~ 16.5 mm。体基底黑色，全身密被淡褐色、灰色、淡黄色、黑褐色等绒毛组成的花纹。触角褐黑色，柄节及各节基部被淡淡黄色绒毛，柄节上有许多黑褐色小斑点。前胸背板被淡灰黄色绒毛，有 4 条彼此平行等距排列的黑色直纹。小盾片被金黄色绒毛，两侧黑色。每个鞘翅基部 1/3 为黑色，其中散生黄褐色小点；其余翅面淡褐色、暗灰色及云白色相互嵌镶；端部 1/3 处有一条黑褐色波浪状横带。雄虫触角超出体长 1/3，雌虫触角略超出体长。鞘翅端缘圆形。

● 观察时间：7—8 月。● 分布：河南、陕西、浙江、湖北、江西、湖南、福建、四川。

❷ 斑腿象天牛 *Mesosa maculifemorata*

体长 14.5 ~ 20 mm。体长方形，较宽扁，淡红棕色至棕黑色，全体密被灰白、棕黄色至棕黑色绒毛及小的光裸区。触角柄节具棕黄色毛，散布棕黑色斑点，第 3—11 节基半具灰白色毛，端半具棕黑色毛。前胸背板中央两侧各具一棕黑色纵条纹，两侧下缘各具一棕黑色纵斑。鞘翅密被灰白色及棕黄色毛，在翅基端、中部及端部中央各具一条由灰白色狭纵条组成的锯齿状横纹，翅面散布许多光裸的棕黑色小斑点。触角超过体长。鞘翅末端宽圆。

● 观察时间：4—7 月。● 分布：海南；越南。

❸ 灰锦天牛 *Astynoscelis degener*（别名：粟灰锦天牛 *Acalolepta degener*）

体长 7 ~ 16 mm。体黑色。触角红褐色，第 3 节起基部大部分被淡灰色毛，端部黑色。头和前胸黑色被灰色和褐色毛。足红褐色被灰色毛。小盾片灰色。鞘翅黑色，密被棕褐色和灰色绒毛，略具丝光。触角远长于体，柄节粗短，短于第 4 节，第 3 节长于第 4 节，之后的各节依次渐短。小盾片舌形。鞘翅两侧近于平行，端缘圆形。腿节膨大呈棒状。

● 观察时间：6—8 月。● 分布：黑龙江、吉林、内蒙古、山东、陕西、甘肃、江苏、上海、浙江、湖北、江西、湖南、福建、台湾、广东、广西、重庆、四川、贵州、云南；俄罗斯、蒙古、韩国、日本。

1 奢锦天牛 *Acalolepta luxuriosa*

体长 15 ~ 40 mm。本种在中国没有分布，在此收录照片的标本来自日本，是为了与后面的宁陕锦天牛作对比。长久以来，国内一直把后者鉴定为奢锦天牛。据俄罗斯的天牛专家 Danilevsky 研究，奢锦天牛仅分布于日本，而中国东北分布的应该是另外一种，即与分布于朝鲜半岛和远东地区的升焕锦天牛 *Acalolepta seunghwani* 一样。本种与后一种的主要区别在于刻点细小很多。

● 观察时间：6—10月。● 分布：日本。

2 宁陕锦天牛 *Acalolepta ningshanensis*

体长 29 ~ 36 mm。体黑色，全身被灰黄色绒毛，略带丝光，但较金绒锦天牛暗得多，绒毛亦稀。小盾片绒毛紧密，呈灰黄铜色。鞘翅具 4 条界线不明确的深色横带（雄虫更为模糊，仅隐约可以看出），即基、中、后部各一，端部亦呈深色。翅面所有绒毛，一般尖端向后，仅尾部的少数呈旋形。触角栗棕色或棕褐色，各节基部 2/3 处生有灰黄色绒毛，雄虫较稀，较不明显。雄虫触角比体长 1 倍，雌虫长 0.5 倍，第 3 节比第 1 节、第 4 节均长，但不超过 1 倍。前胸具侧刺突，呈锥形；中瘤不高，前部两瘤突较显著。鞘翅基部的颗粒较细小，向后呈刻点，端部逐渐细小，末端呈大圆形。

● 观察时间：3月，6—9月。● 分布：中国南方，如陕西、湖北、四川、贵州、云南。

3 金绒锦天牛 *Acalolepta permutans*

体长 15.5 ~ 29 mm。全身密被黄铜色绒毛，部分微带绿色，绒毛极光亮美丽，有如丝质锦缎。触角深棕色，前两节和第 3 节起的各节基部有淡黄色或淡灰色绒毛，第 4 节之后端部黑色约占全节之半，看上去深淡明晰。小盾片密被淡黄铜色绒毛。体长与触角长雄虫约为 1 : 2.2，雌虫约为 1 : 1.6，第 3 节长于第 4 节，双倍于柄节。前胸侧刺突小，背板微皱，满盖铜色绒毛。小盾片较大，端部圆形。鞘翅基部较阔，尾部收狭，末端圆形。

● 观察时间：6月。● 分布：河南、陕西、安徽、浙江、湖北、江西、湖南、福建、台湾、广东、香港、广西、四川、贵州；越南。

②

③

❶ 中华安天牛 *Annamanum sinicum*

体长 14.5 mm 左右。体黑褐色。头、胸密被淡红色绒毛，触角各节被淡红色或淡灰色绒毛，各节端部深色。小盾片具灰白色浓密绒毛。鞘翅被咖啡褐色、淡红色和灰白色绒毛，形成数条从鞘缝出发向前（基半部）或向后延伸到边缘的斜纹，煞是好看。腿节也具绒毛斑纹。触角长于体长，第 3 节略长于第 4 节，向端部各节逐渐变细而减短，第 11 节长于第 10 节。前胸背板宽略胜于长，侧刺突圆锥状，胸面不平坦。鞘翅肩较宽，端缘圆形。

● 观察时间：4—8 月。● 分布：浙江、江西、福建、四川、云南。

❷ 绿绒星天牛 *Anoplophora beryllina*

体长 13 ~ 23 mm。体基底黑色，被覆淡蓝色或淡绿色绒毛。触角及足被略带灰蓝色绒毛，触角自第 3 节起的各节端部被黑色，有时端部数节被黑色。前胸背板有 3 个黑斑位于一横排上，中央一个为纵斑，两侧各一为小斑点。每个鞘翅有许多小黑斑点，横排成 6 行或 7 行，每横行有 3 ~ 5 个小斑点。雄虫触角超过体长的 1/2，雌虫触角稍短，柄节微膨大。前胸背板显著横阔，侧刺突较长。鞘翅肩宽，肩之后逐渐减窄，端缘圆形。

● 寄主植物：据文献记载有栎属。● 观察时间：4—8 月。● 分布：浙江、湖北、江西、湖南、福建、台湾、广东、香港、广西、四川、云南；韩国、印度、缅甸、越南、老挝、泰国、斯里兰卡。

❸ 华星天牛 *Anoplophora chinensis*（别名：星天牛）

体长 19 ~ 39 mm。体色漆黑，有时略带金属光泽，具有小白斑点。触角自第 3—11 节每节基部都有淡蓝色毛环。头部和体腹面被银灰色和部分蓝灰色的细毛，但不形成斑纹。前胸背板无明显毛斑。鞘翅具小型白色毛斑，通常每翅约有 20 个，排列成不整齐的五横行。雌虫触角超出身体 1 ~ 2 节，雄虫超出 4 ~ 5 节。前胸侧刺突粗壮。鞘翅基部颗粒大小不等，一般颇密。

● 寄主植物：柑橘、苹果、梨、无花果、樱桃、枇杷、花红、柳、白杨、桑、苦楝、柳豆、树豆、洋槐、榆、悬铃木等。● 观察时间：4—9 月。● 分布：全国广布；朝鲜、韩国、日本、阿富汗、缅甸、欧洲（入侵）。

① **嘉氏星天牛** *Anoplophora gressitti*

体长 22.0 ~ 36.0 mm。体黑色，腹面大部分和足密被灰绿色绒毛。触角前 2 节密被灰绿色绒毛，第 3—7 或第 8 节每节基部具白色毛环，各节毛环向后变短。头部大部分和前胸背板几乎全部被灰绿色绒毛，但前胸背板两侧（包括侧刺突）和中央具 1 个黑色小纵斑，鞘翅斑点因个体差异但总体分布如下：鞘翅基部中央具 1 个小斑；鞘缝具细的缝纹和 5 个或 6 个沿鞘缝分布的斑纹；侧边具 4 个绒毛斑，位于鞘翅中央的横斑发达，有时延伸至鞘缝；翅端 1/10 具一 U 形斑。雄虫触角远长于体，雌虫触角略长于体，前胸侧刺突粗壮。鞘翅基部具小颗粒，翅端圆形。

● 观察时间：4—8 月。● 分布：西藏；印度、缅甸。

② **光肩星天牛** *Anoplophora glabripennis*

体长 17.5 ~ 39 mm。本种是我国最常见的天牛之一。全体漆黑有光泽，常于黑中带紫铜色，有时微带绿色。触角第 3—11 节基部蓝白色；雄虫触角约为体长的 2.5 倍，雌虫约为 1.3 倍。鞘翅基部光滑，无瘤状颗粒；表面刻点较密，有微细皱纹，无竖毛，肩部刻点较粗大；每鞘翅约有白斑 20 个。前胸背板无毛斑，中瘤不显突，侧刺突较尖锐，不弯曲。中胸腹板瘤突比较不发达。足及腹面黑色，常密生蓝白色绒毛。

● 寄主：苹果、梨、李、樱桃、樱花、柳、杨、榆、枫香、糖槭、苦楝、桑树等。● 观察时间：6—9 月。● 分布：黑龙江、吉林、辽宁、内蒙古、北京、河北、山西、山东、河南、陕西、宁夏、甘肃、江苏、安徽、浙江、湖北、江西、湖南、福建、广西、四川、贵州、云南、西藏；俄罗斯、蒙古、朝鲜、韩国、日本、欧洲（入侵到奥地利、捷克、法国、德国、意大利）。

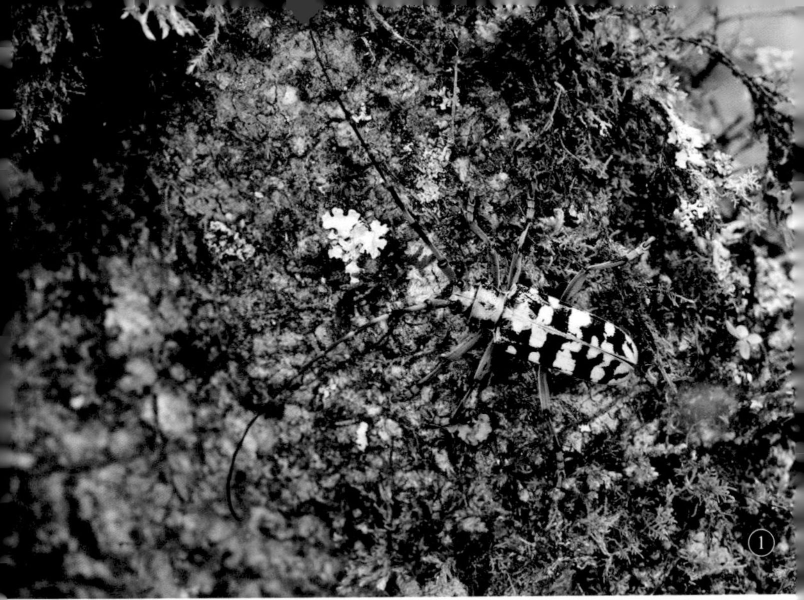
1

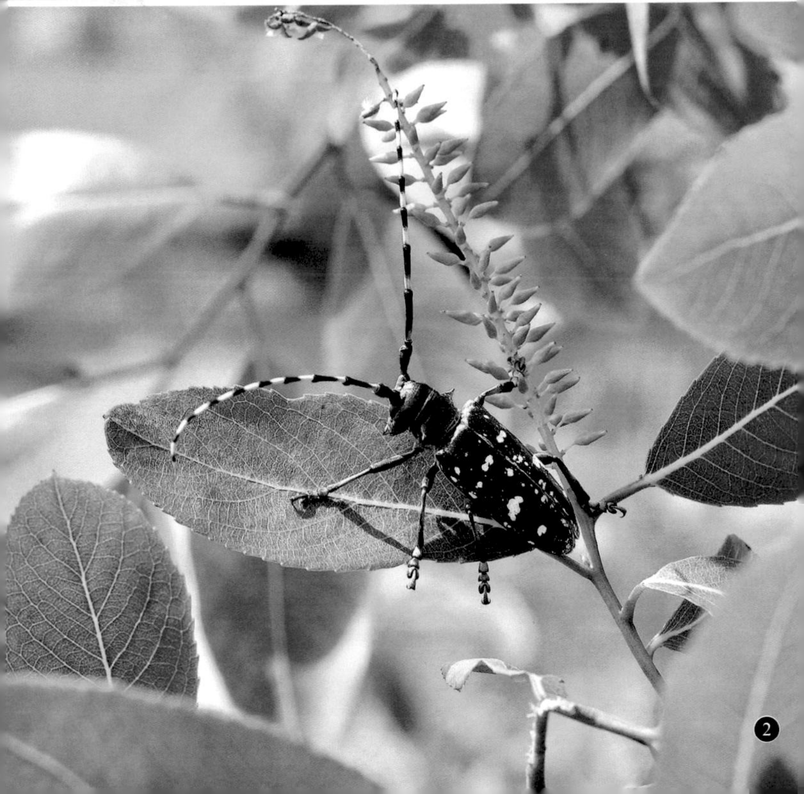
2

❶ 楝星天牛 *Anoplophora horsfieldii*

体长 23 ~ 43 mm。底色漆黑，光亮。全身满布大型黄色绒毛斑块，由芒果黄到木瓜黄，深浅不一，颇似敷粉。头部具 6 个斑点。前胸面具 2 条平行的直纹，两侧各具斜方形斑点 1 个，介于侧刺突与足基之间。鞘翅毛斑很大，排成 4 横行。在第 3，4 行间靠中缝处，有时另有 1 ~ 3 个小斑。触角及足黑色，触角自第 3 节起，基部 1/3 以上被银灰色的细毛，有时仅端部呈黑色，一般第 3—10 节每节半白半黑。足被有稀疏的灰色细毛，跗节较密，呈灰白色。雄虫触角超过体长 3/4，雌虫较体略长。前胸侧刺突壮大。鞘翅末端圆形。

● 寄主植物：楝科植物。● 观察时间：6 ~ 9 月。● 分布：东洋区广布。

❷ 黑星天牛 *Anoplophora leechi*

体长 28 ~ 43 mm。体漆黑，具光泽，前胸背板十分光亮。触角略带黑褐色，被灰褐色短而稀疏的绒毛，跗节被淡蓝灰色绒毛。触角粗壮，雄虫触角倍于体长，雌虫触角约超过体长 1/3，柄节端部膨阔，第 3 节长于第 4 节，显著长于柄节。前胸背板侧刺突粗壮，顶端较尖锐，略向后弯，胸面不平坦。小盾片舌形。鞘翅较长，拱凸，中部之后逐渐收窄，端缘圆形。

● 观察时间：8 月。● 分布：河北、河南、江苏、浙江、湖北、江西、湖南、台湾、广西。

❸ 槐星天牛 *Anoplophora lurida*

体长 9 ~ 15 mm。体底黑色，被灰色或淡蓝灰色绒毛。头顶及前胸背板绒毛稀少。前胸背板有 3 个小黑斑点。每鞘翅计有 10 ~ 12 个小黑斑点，横排成 5 行或 6 行。触角黑褐色，柄节及第 2 节被淡蓝灰色绒毛，其余节被暗褐色绒毛，足亦被灰色或淡蓝灰色绒毛。触角较细长，雌、雄虫触角均远超过鞘翅，触角下沿有极少量缨毛，第 3 节长于第 4 节，显著长于柄节。前胸背板宽胜于长，侧刺突较短，顶端稍钝，胸面密布脊纹刻点。鞘翅端缘圆形。

● 寄主植物：槐树。● 观察时间：5—6 月。● 分布：河北、河南、甘肃、江苏、浙江、湖北、江西、湖南、台湾、广西、四川。

❶ 桔斑簇天牛 *Aristobia approximator*

体长 18 ~ 36 mm。触角柄节及第 2 节黑色，其余节棕褐色被橙黄色短绒毛，第 3 节端约 1/3 处具浓密黑色毛刷。头黑色，头顶有 3 条橘红色或棕红色绒毛。前胸背板中区两侧各有一条较宽黑纵纹；侧刺突黑色、短钝。小盾片被浓密橘红色或棕红色绒毛。鞘翅底色棕褐色，被黑色绒毛，每翅有许多大小不等的橘红色或棕红色斑点，斑点数量有变化，大约排成四直行，每列数量亦不相等。端缘微凹缺，外端角钝。雄虫触角略长于鞘翅，雌虫则伸至鞘翅端部。

● 观察时间：3—12 月。● 分布：云南；印度、尼泊尔、缅甸、越南、老挝、泰国、柬埔寨、马来西亚。

❷ 毛簇天牛 *Aristobia horridula*

体长 22 ~ 36 mm。体基底黑色，全身被棕褐色至棕红色绒毛。头、胸、鞘翅、腿节及体腹面夹杂有白色绒毛小点。触角黄褐色被棕红色或金黄色绒毛，第 3 节端部 1/2 的范围着生浓密丛毛。每个鞘翅有很多束状黑色长竖毛。触角粗壮，雄虫触角稍长于鞘翅，雌虫触角则达鞘翅末端。前胸背板侧刺突较粗大，中区有几个瘤状突起。鞘翅端缘平切或微呈凹缘。

● 寄主植物：钝叶黄檀（牛肋巴）、秧青。● 观察时间：5—7 月，10 月。● 分布：台湾、四川、云南；印度、尼泊尔、缅甸、越南、老挝、泰国。

❸ 龟背簇天牛 *Aristobia reticulator*

体长 20 ~ 35 mm。触角自第 3 节起呈火黄色。前胸背板被黄毛，中域两侧各有黑色纵纹 1 条。鞘翅呈黄黑色的斑纹，黑色条把黄色斑围成龟块花纹，每翅具黄斑 13 ~ 18 个不等，大小和数量很有变异，一般排成三直行。触角较短，雄虫超过翅端 2 节或 3 节，雌虫与体约等长，第 3 节端部约 1/3 具一环相当长的黑色簇毛，第 4，5 节端部亦有类似的簇毛，但较第 3 节少而短。前胸背板中瘤较平，侧刺突壮大。鞘翅末端微凹。

● 寄主植物：荔枝、龙眼、番茄枝；成虫会在黎豆上捕获。● 观察时间：6 月，11 月。● 分布：陕西、福建、广东、海南、香港、广西、云南；尼泊尔、越南。● 备注：以往中文文献里通常都用 *Aristobia testudo*，但该名为无效名。

❶ 云纹灰天牛 *Blepephaeus infelix*

体长 15 ~ 20.5 mm。体黑色，被覆灰褐色绒毛。每个鞘翅有 2 条波浪状淡灰色绒毛的横纹，两横纹之间黑色，第 2 条横纹之后有一窄的黑横纹，基部及后端被褐色绒毛。触角自第 3 节起，各节基部被淡灰色绒毛，有时端部数节全为黑褐色。雄虫触角倍长于身体，雌虫触角约超过体长的 1/4，第 3 节长于柄节。前胸背板侧刺突粗短。鞘翅基部宽，中部之后缩窄，末端微斜截。

● 观察时间：7—8 月。● 分布：浙江、江西、湖南、福建、广东、广西、重庆、四川；韩国。

❷ 灰天牛 *Blepephaeus succinctor* （别名：深斑灰天牛）

体长 13 ~ 25 mm。体基色栗黑，触角较红，但全被厚密的绒毛所遮盖，绒毛灰色，在放大镜下观察，系由灰白色和棕红色混合组成。前胸背板有 4 条黑色和褐黑色绒毛斑纹。每鞘翅上在基部近中缝处各有不规则的长卵形大黑斑一个，有时被一灰色直纹瓜分为二，在翅中部稍下靠近侧缘有一个三角形或不规则的长卵形大斑点。此外，鞘翅上还有其他较不整齐的黑绒毛小斑。触角绒毛从第 3 节起基部较淡。触角雄虫超出翅端约 1/2，雌虫较体略长，第 3 节较柄节稍长。前胸背板侧刺突末端尖锐。鞘翅末端微凹。

● 寄主植物：幼虫生活于豆科树的活枝内，已知寄主有海红豆、藤茶。
● 观察时间：7 月。● 分布：东洋区广布。

❸ V 线灰天牛 *Blepephaeus variegatus*

体长 17.5 mm 左右。体基色栗黑色，被厚密的绒毛所遮盖，绒毛灰黄色和灰白色。鞘翅合起来呈现 4 个灰白色大斑，分别是基半部一个大型的"V"形斑，紧接其后左右各具一个不太规则的横斑（不接触鞘缝）和端部中缝附近的短纵斑。触角绒毛从第 4 节起基部较淡。触角超出翅端，第 3 节较柄节长。前胸背板阔胜于长，侧刺突短但末端尖锐。鞘翅基部宽，中部之后稍狭缩，末端略平切。

● 观察时间：4—7 月。● 分布：海南、云南。

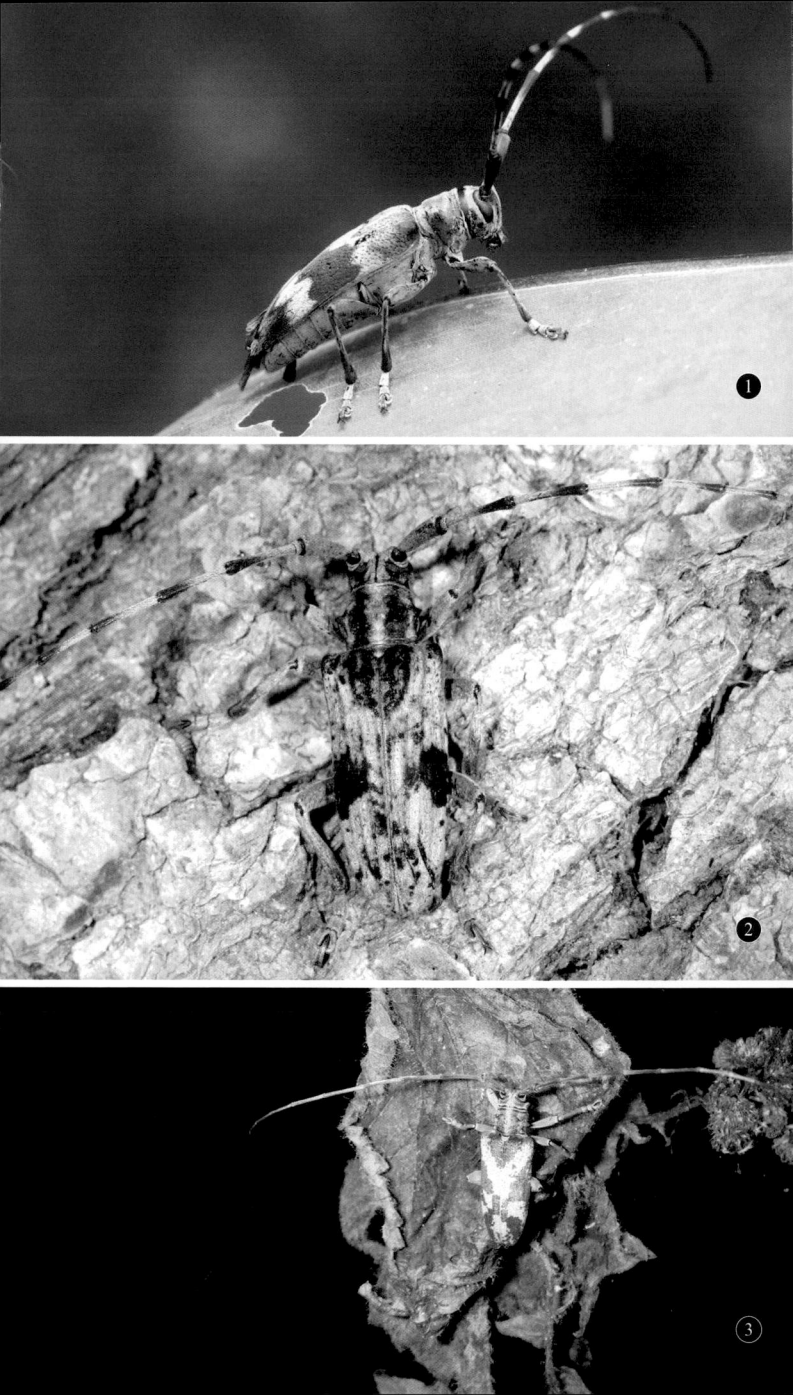

1 **豹天牛** *Coscinesthes porosa*（别名：柳枝豹天牛）

体长 14 ~ 21.5 mm。体黑色，全身密被淡棕黄色或深灰黄色绒毛和无毛的黑色斑点，在鞘翅上黑斑由相当深的小窝所组成，与棕黄色绒毛相间，犹如豹皮。足上绒毛色彩稍淡，跗节上呈灰白色。触角自第 3 节起每节基部 1/3 或 1/2 有灰白色的绒毛。腹面竖毛大部分棕黄色。触角粗壮，雄虫超过体长 1/3，雌虫较体略长。前胸侧刺突中等，末端钝圆。鞘翅基部 1/6 ~ 1/5 处有颗粒，全翅密布大小不等的小窝，排成极不规则的行列。

● 寄主植物：柳、杨、桑及桤木。● 观察时间：5—7 月。● 分布：河南、陕西、浙江、广东、四川、云南。

2 **拟鹿天牛** *Epepeotes luscus*（别名：石纹拟鹿天牛）

体长 15 ~ 30 mm。体黑色，体背被一层较薄、灰黄色短绒毛，头、胸各有 3 条土黄色绒毛纵纹。前胸两侧纵纹有时由断续斑点组成。小盾片除中央空出一条无毛纵条外，其余全被土黄色绒毛。每个鞘翅密布不规则土黄色绒毛斑点，同鞘翅底色相间，好似大理石的花纹，基部近肩处有一个黑斑。体腹面两侧由头至中胸，各有一条土黄色绒毛纵纹，后胸及腹部两侧各有土黄色绒毛斑纹。雄虫触角全为黑色或略带黑褐色，雌虫触角自第 3 节起的各节前端，大部分被灰色绒毛。雄虫触角长度为体长 2 倍，雌虫触角约为体长 1.5 倍。前胸背板宽胜于长，侧刺突较小。鞘翅肩部较宽，后端稍窄，端缘切平。

● 寄主植物：木波罗、印度胶树、对叶榕、可可树、爪哇橄榄、长果桑、芒果属、刺桑属等。● 观察时间：3—6 月，11 月。● 分布：江西、四川、云南；缅甸、越南、老挝、泰国、菲律宾、马来西亚、印度尼西亚。● 备注：中国分布的可能是 *densemaculatus* 亚种。

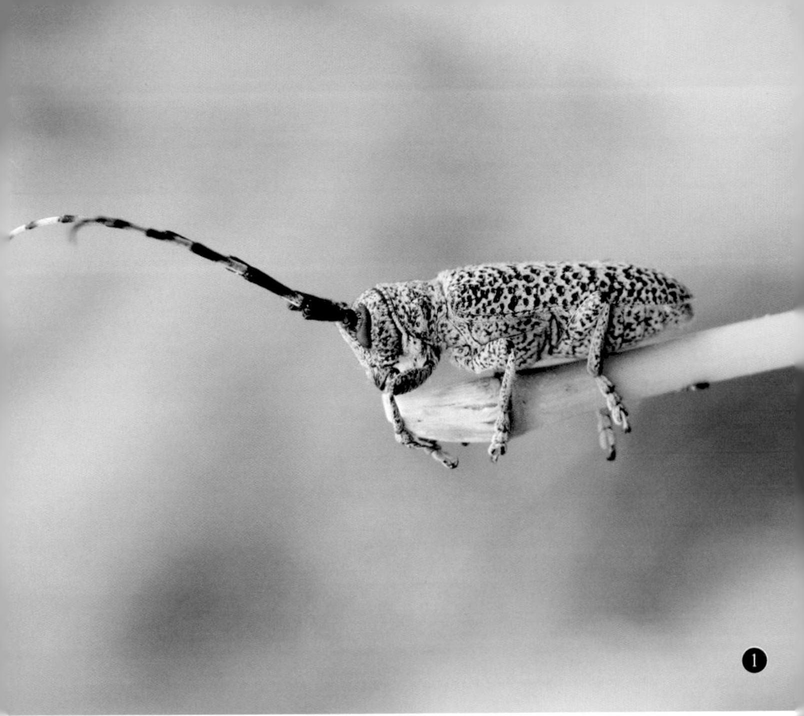
1

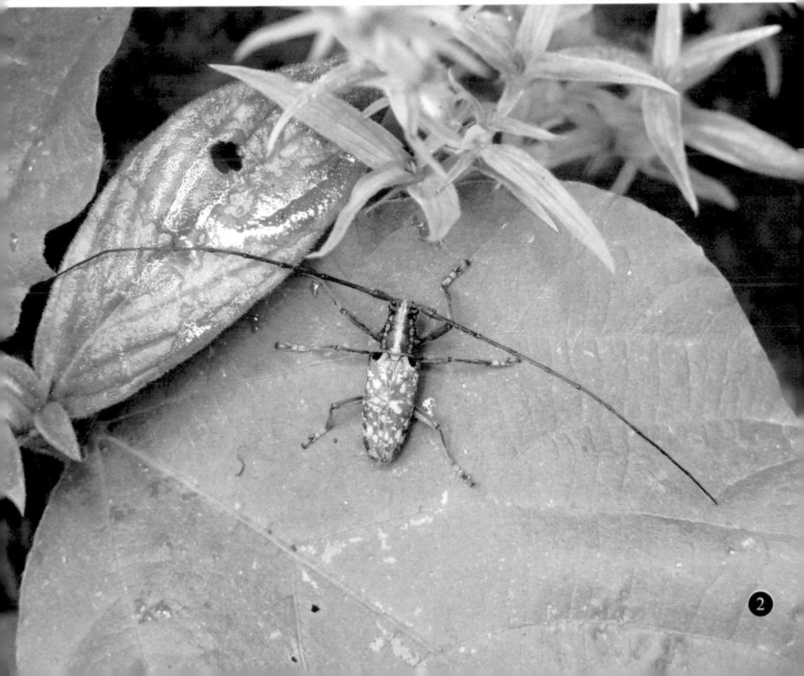
2

❶ 带天牛 *Eutaenia trifasciella* （别名：三带天牛）

体长 10 ~ 29 mm。体黑色，被杏黄色或暗黄色绒毛，无绒毛覆盖处衬托出黑色斑纹。头顶后缘黑色，触角柄节、第 2 节、端部 4 节及第 3—7 节端部黑色，其余部分杏黄色。前胸背板两侧刺突之间有一条不规则的黑色横带。小盾片被杏黄色绒毛。每个鞘翅有 2 条黑色波状横带，基缘黑色，由肩部伸向小盾片附近；后端有 1 个黑色小斑点。体腹面被黄灰色绒毛，足除腿节端部及跗节黑色外，其余亦被灰黄色或杏黄色绒毛。雄虫触角长度超过鞘翅 1/3，雌虫触角同体等长或稍长，第 3—5 节各约等长。前胸背板侧刺突短钝。鞘翅端缘圆形。

● 观察时间：7 月。● 分布：江西、湖南、福建、台湾、广东、香港、广西、云南；印度、越南、老挝、马来西亚。

❷ 长颈鹿天牛 *Macrochenus guerinii*

体长 13.5 ~ 30 mm。头被灰色或红灰色绒毛，后头有 4 条平行较宽的黑色纵条纹。前胸背板黑色有 3 条平行的淡黄色或白色绒毛纵纹，小盾片被绒毛。鞘翅底色黄褐色至棕褐色，被红灰色、淡灰色至深灰色绒毛，分布有许多大小不规则的黑斑点，黑斑数量、大小及其相距远近变异较大。触角及足黑色。触角长度约为体长 2 倍（雄）或 1.5 倍（雌），触角第 3 节十分长，2 倍于第 4 节或 3 倍于柄节。前胸背板长显胜于宽，尤其是雄虫。鞘翅端缘微凹切。

● 寄主植物：榕树、桑。● 观察时间：5—10 月。● 分布：广西、四川、云南、西藏；印度、孟加拉国、尼泊尔、缅甸、越南、老挝、泰国。

❸ 白星鹿天牛 *Macrochenus tonkinensis*

体长 12 ~ 30 mm。体基色黑色，体被绒毛较稀，斑纹乳白色或白色。触角长于体，从第 4 节起各节基部具小的白环。头顶纵纹 3 条，中央 1 条，两侧各有 1 条，从复眼后缘直达前胸前缘。前胸背板纵纹两条，与头顶的两条相连。小盾片端略被白色绒毛，不甚明显。鞘翅斑点颇多变异，一般具相当多的小型圆斑点，排成微弯的直行。鞘翅末端凹切。

● 寄主植物：桑。● 观察时间：5—8 月。● 分布：湖北、广东、海南、广西、云南、贵州；越南。

❶ 缨角枚天牛 *Mecynippus ciliatus*

体长 18 ~ 29 mm。体黑色，被土黄色绒毛。触角黑色密被土黄色毛，从第 3 节起各节端部黑色。头和足黑色密被土黄色绒毛不显斑纹。前胸略显 3 个黄斑。小盾片被土黄色绒毛。鞘翅黄斑和黑斑相间，数量和面积都相差不大。触角下沿具稠密的白色细毛，雌雄均超出翅端，第 3 节较柄节长。前胸背板阔胜于长，侧刺突中等大。鞘翅末端圆或略平切，有时端缝角形成尖刺。

● 观察时间：4—7 月。● 分布：江西、广东、海南、香港、广西、重庆、四川、云南；老挝。

❷ 密缨天牛 *Mimothestus annulicornis* （别名：樟密缨天牛）

体长 28 ~ 39 mm。体黑色，全身被锈红色或红色绒毛。鞘翅不规则地散生着小黑斑点。触角自第 4 节起的以下各节基部被灰黄色绒毛，各节端部黑色。雄虫触角长于身体的 1/3，第 3 节长于第 4 节，基部 5 节下沿黑色缨毛浓密而长。前胸背板显著宽于长，侧刺突细长，顶端尖锐。小盾片表面微凹。鞘翅端缘圆形。足较短，前足胫节端部稍弯曲。

● 寄主植物：樟树等。● 分布：湖北、广东、香港、广西、贵州、云南；柬埔寨。

❸ 松墨天牛 *Monochamus alternatus*

体长 15 ~ 28 mm。体橙黄色到赤褐色，鞘翅上饰有黑色与灰白色斑点。前胸背板有 2 条相当阔的橙黄色纵纹，与 3 条黑色纵纹相间。小盾片密被橙黄色绒毛。每一鞘翅具 5 条纵纹，由方形或长方形的黑色及灰白色绒毛斑点相间组成。触角棕栗色，雄虫第 1，2 节全部和第 3 节基部具有稀疏的灰白色绒毛；雌虫除末端 2，3 节外，其余各节大部分被灰白毛，只留出末端一小环是深色。触角雄虫超过体长 1 倍多，雌虫约超出 1/3，第 3 节比柄节约长 1 倍，并略长于第 4 节。前胸侧刺突较大，圆锥形。鞘翅末端近乎切平。

● 寄主植物：马尾松、冷杉、云杉、鸡眼藤、雪松、桧属、落叶松。

● 观察时间：6—8 月。● 分布：全国广布。

① **二斑墨天牛** *Monochamus bimaculatus*

体长 8 ~ 20 mm。全身密被豆沙色绒毛，以触角、鞘翅基部及足上较稀疏。小盾片绒毛呈淡棕黄色，极密，显得浓厚。每鞘翅具一个略带三角形的黑色大毛斑，位于翅的中段，黑斑下及周围色彩较淡，一般呈淡赭色。触角棕栗色，各节前半部被灰色绒毛。雄虫触角约超出体长 1 倍，雌虫超出体长 1/2 ~ 2/3，柄节粗壮，第 3 节显然比第 4 节长，比柄节长 1 倍。鞘翅末端圆形。

● 寄主植物：香椿、黄檀、丁子香、榕、木姜子、野桐、楠木、鸡爪枫、婆罗双树、榄仁树属。● 观察时间：4—6 月。● 分布：浙江、湖北、江西、湖南、台湾、广东、海南、广西、云南、西藏；印度、尼泊尔、缅甸、越南、老挝、泰国、柬埔寨、印度尼西亚。

② **红足墨天牛** *Monochamus dubius*

体长 13.5 mm 左右。体黑色，被灰白色及棕黄色绒毛。头部额、触角及头顶大部具灰白色毛，复眼上叶后方及颊部各具一棕黄色毛斑，其余部分光裸。前胸背板中央两侧各具一棕黄色毛宽纵条纹，中线附近光裸，两侧缘密被棕黄色毛。小盾片后缘具棕黄色毛。鞘翅大部分光裸，散布棕黄色毛斑，并间杂有少量灰白色毛斑，下侧缘具一列不规则的灰白色毛斑。足淡红棕色，密被灰白色短绒毛。触角细长，雄虫约为体长 3 倍。前胸两侧缘中央各具一小钝瘤。鞘翅两侧缘在中点之后稍加宽，末端圆。

● 观察时间：6—7 月。● 分布：福建、广东、广西、四川、云南、西藏；印度、尼泊尔、缅甸、越南、老挝。

③ **缝刺墨天牛** *Monochamus gravidus*

体长 30 ~ 47 mm。体黑色。鞘翅具土黄色绒毛斑纹，大部分黄斑点散乱稀疏，仅中间显示一条较显著的黄带。触角长于体，雄虫更长，柄节粗短，第 3 节长于柄节 2 倍。前胸背板阔胜于长，侧刺突显著，末端尖锐。鞘翅两侧几乎平行，末端圆但缝角略具刺。

● 观察时间：6—7 月。● 分布：河南、山东、陕西、安徽、浙江、湖南、福建。

❶ 蓝墨天牛 *Monochamus guerryi*

体长 16 ~ 24 mm。体中等大小，基底黑色，全身被淡蓝色或略带淡绿色绒毛。鞘翅基部具黑色粒状刻点，其余部分均现黑色弯曲微隆起脊纹，同淡蓝色绒毛相间组成细致弯曲状花纹，翅面着生疏散半卧黑色长毛。前胸背板中央有一条黑色短纵斑，两侧各有一个黑色小斑点。触角第 3 节以后各节端部黑色。雄虫触角长于身体 3/4，雌虫触角稍超过体长，柄节粗短，第 3 节长于柄节 2 倍。前胸背板显著宽于长，侧刺突较细。鞘翅两侧近于平行，后端稍窄，端缘圆形。

● 寄主植物：栎属、栲。● 观察时间：5—6 月。● 分布：湖北、湖南、广东、广西、四川、贵州、云南；缅甸、老挝。

❷ 宽带墨天牛 *Monochamus latefasciatus*

体长 21 mm 左右。体黑色。触角柄节黑色，其他节褐色，末端色稍深。头、前胸、鞘翅基部和足黑色。鞘翅中部偏后的宽黑带非常显著，前后镶褐色边，黑带之后鞘翅末端褐色绒毛略泛光泽。足胫节和跗节褐色，跗节较胫节基部深色。触角雌雄均超出翅端，第 3 节较柄节长。前胸侧刺突中等大。鞘翅基部具瘤突，向后渐窄，末端斜切。

● 观察时间：5—6 月。● 分布：广西；越南。

❸ 云杉大墨天牛 *Monochamus rosenmuelleri*

体长 15 ~ 36 mm。体黑色，带古铜色光泽。绒毛极稀，淡棕黄色或黄色。鞘翅端部约 1/4 区域被毛较密，形成一片土黄色；雌虫鞘翅上另有白色或淡黄色绒毛斑点，大小不等，以中部的较大较密，往往排成不规则的两横行。小盾片全部密盖淡棕黄色绒毛，亦有少数个体在基部中央留出一绒毛较稀的纵纹。触角基部黑褐色，自第 3 节起渐呈棕栗色。触角雄虫甚长，体与角比为 1 : (2 ~ 2.5)；雌虫较短，仅超过翅端 2 ~ 4 节。第 3 节最长，较柄节长 1 倍到 1.5 倍（雄）。前胸侧刺突呈圆锥形，末端不尖锐。鞘翅末端圆形。

● 寄主植物：冷杉、云杉、落叶松。● 观察时间：6—9 月。● 分布：东北、河北；俄罗斯、朝鲜、日本、欧洲北部。

❶ 云杉花墨天牛 *Monochamus saltuarius*

体长 11 ~ 20 mm。体呈黑褐色，微带古铜色光泽。鞘翅基部以下绒毛较浓密，呈棕褐色，并杂有许多淡黄色或白色斑点，尤其雌虫为多，淡斑隐约地排列成 3 条横带。小盾片密被淡黄色绒毛，中央留出一条光滑纵纹。前胸背板中区前方有 2 个较显著的黄色小斑点，有时后方还有 2 个更小的小斑点。雄虫触角超过体长 1 倍多，黑色；雌虫超过体长 1/4 或更长，从第 3 节起每节基部被灰色毛。前胸侧刺突中等大，鞘翅末端钝圆。

● 寄主植物：云杉。● 观察时间：5—9 月。● 分布：黑龙江、吉林、内蒙古、北京、河北、山西、山东、陕西、新疆、浙江、江西；俄罗斯、蒙古、朝鲜、日本、欧洲。

❷ 异鹿天牛 *Paraepepeotes breuningi*

体长 20 ~ 27 mm。体基色黑色，全身密被深灰色绒毛，并饰有白色或黄色的绒毛斑纹。头部中央直纹一条，两侧各一。前胸背板细纵纹 3 条。小盾片被显著白色绒毛。鞘翅白点多，每翅通常具 15 个以上小斑。触角褐黑色，4—6 节基部被少量白色绒毛，不显著。雌雄虫触角都远长于体。前胸背板，侧刺突圆锥形。鞘翅肩上具少数颗粒，末端圆。

● 观察时间：5—7 月。● 分布：四川、云南、西藏；印度、缅甸、越南、老挝。

❸ 大理石异鹿天牛 *Paraepepeotes marmoratus*

体长 30 ~ 40 mm。体基色黑色，具显著的灰黄色绒毛斑纹。头部中央有 2 条直纹，互相非常靠近，两侧各一小斑点，紧挨前胸边缘而远离复眼。前胸背板纵纹 3 条，中央 1 条较宽，侧面也具灰黄色绒毛斑点，包括侧刺突上。小盾片被显著灰白色绒毛。鞘翅灰黄色斑纹显著，尤其基部的心形大斑和中间的大型"X"纹。基部和端部的灰黄色斑内夹杂很多小黑点。触角褐黑色。雌雄虫触角都远长于体。前胸背板，侧刺突大，末端非常尖锐。鞘翅末端近圆形。

● 观察时间：7—8 月。● 分布：云南；越南、老挝。

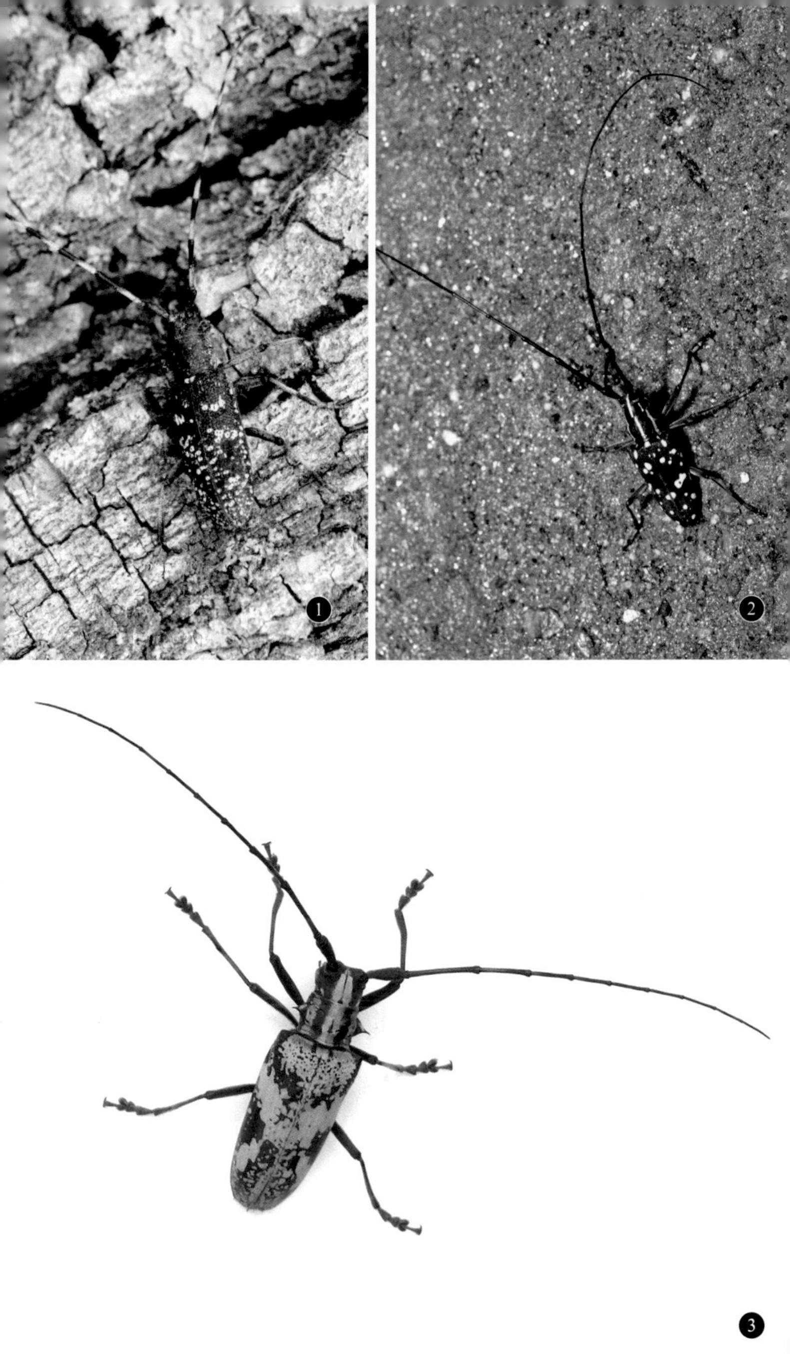
1
2
3

① 弧斑齿胫天牛 *Paraleprodera stephanus*

体长 22 ~ 30 mm。体基色黑色。触角柄节和各足尤其腿节具显著的白色鳞片状毛。前胸背板中央具 2 个褐黄色不规则斑纹。小盾片密被褐黄色绒毛，但中央纵条光裸黑亮。鞘翅黑色，基部具少量不规则褐黄色绒毛斑纹，具大型的灰白色纹，沿鞘缝部分灰褐色，包围部分形成两个大型黑斑。触角褐黑色，雌雄虫触角都远长于体。前胸背板侧刺突大，末端尖锐。鞘翅末端近圆形。

● 观察时间：7—9 月。● 分布：广西、云南、西藏；印度、不丹、尼泊尔。

② 蜡斑齿胫天牛 *Paraleprodera carolina*

体长 21 ~ 28 mm。体黑色，全体密被可可棕色细毛，散布白色或黄色斑纹。头部复眼后颊上、胸部和腹部腹面，足的胫节、腿节上，均散布不规则的小白斑。额和触角柄节有灰黄色毛的花斑，触角第 3 节基部 2/3 被灰黄色毛，以下各节基部被灰白色毛，头顶至后头有宽的黄白色纵带。前胸背板有 4 条黄白色纵带。鞘翅上有较大而鲜明的近圆形的黄白色油漆样或蜡样斑点，基半部和端半部各 3 个，基半部外侧第 3 个往往较大而非整圆形。此外，散布着细小黄白色斑点。鞘翅肩角和翅基部散布稀疏黑色颗粒，极明显光亮，翅端斜切。

● 观察时间：7—8 月。● 分布：江苏、浙江、湖北、江西、湖南、福建、台湾、重庆、四川、贵州、云南。

③ 眼斑齿胫天牛 *Paraleprodera diophthalma*

体长 17.5 ~ 30 mm。全身密被灰黄色绒毛。后头至前胸背板的两侧各有一条黑色纵纹。小盾片被灰黄色绒毛，中央有一条无毛区域。每个鞘翅基部中央有一个眼状斑纹，眼斑周缘为一圈黑褐色绒毛，圈内有几个粒状刻点及被覆淡黄褐色绒毛；中部外侧有一个大型近半圆形或略呈三角形深咖啡色斑纹，斑纹边缘黑色。触角被灰黄色绒毛，第 3—5 节基部具绒毛环。雄虫触角为体长的 1.5 倍多，雌虫触角长度超过鞘翅端末。前胸背板侧刺突圆锥形。鞘翅端缘圆形。

● 寄主植物：板栗。● 观察时间：8—9 月。● 分布：河北、河南、陕西、江苏、安徽、浙江、湖北、江西、湖南、福建、广西、四川、贵州、云南。

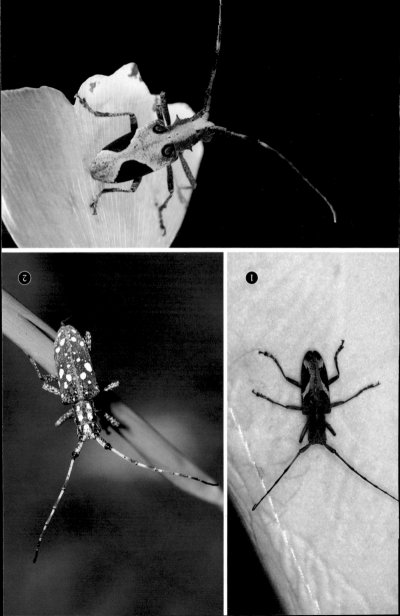

1 瘦齿胫天牛 *Paraleprodera insidiosa*

体长 18 ～ 30 mm。体基色黑色，密被灰黄色绒毛。触角柄节褐黄色，其余各节色较淡，其中第 3—5 节基部被灰白色绒毛而端部色稍深。后头具 2 个小橘黄色斑，前胸中央两侧也具同性质的斑纹，侧刺突也密被橘黄色绒毛。小盾片密被褐黄色绒毛，但中央纵条光裸。鞘翅基部 1/3 色稍深，中部之后具显著的大型半圆形黑斑，黑斑镶有白边。雌雄虫触角都长于体。前胸背板侧刺突中等大。鞘翅末端近圆形。

● 观察时间：5—6 月。● 分布：云南；印度、尼泊尔、老挝、柬埔寨。

2 中斑齿胫天牛 *Paraleprodera mesophthalma*

体长 19.5 ～ 25 mm。体基色黑色，密被灰白色和咖啡色绒毛。触角前 2 节和第 3 节基半部被灰白色毛，其余各节色较深。后头具 2 个很小的褐黄色斑，前胸中央两侧也具同性质的斑纹。小盾片密被褐黄色绒毛，但中央小部分光裸。鞘翅基部圆瘤突着生处绒毛褐黄色，其他部分绒毛咖啡色，中部具显著的圆形黑色眼斑，眼斑镶有显著白边且白边延伸至鞘缝，合起来像衣服白边眼镜。鞘翅端部之前还有一处较显著的不规则白纹。雌雄虫触角都长于体。前胸背板侧刺突中等大，末端尖。鞘翅末端近圆形。

● 观察时间：7—8 月。● 分布：西藏。

3 橄榄梯天牛 *Pharsalia subgemmata*

体长 14 ～ 32 mm。体黑色，全身分布有锈褐色绒毛斑纹。触角自第 3 节起各节端部黑褐色，触角大部分、额大部分及颊被赤褐色绒毛，头顶有 2 条锈褐色纵纹。前胸背板有 4 条锈褐色纵纹。小盾片密被锈褐色绒毛，中央光滑无毛。鞘翅散生有大小不一的锈褐色纵斑和斑点，端区多为纵形斑纹，基部 1/3 及端部 1/3 处，均分布有黑色绒毛斑点。雄虫触角远长于体，雌虫触角稍长于体。前胸背板具侧刺突。鞘翅长形，后端稍窄，端缘圆形。

● 寄主植物：据文献记载有橄榄属、榄仁树属、芒果属等植物。● 观察时间：7—10 月。● 分布：河南、福建、广东、海南、广西、四川、云南、西藏；印度、孟加拉国、缅甸、尼泊尔、老挝、泰国、柬埔寨、印度尼西亚。

❶ 黄星天牛 *Psacothea hilaris* （别名：桑黄星天牛）

体长 15 ~ 30 mm。体基色黑色，全身密被深灰色或灰绿色绒毛，并饰有杏仁黄色或麦秆黄色的绒毛斑纹，好像涂点的油漆。前胸背板两侧各有长形毛斑 2 个，前后排成一直行。小盾片端略被黄色绒毛，不甚明显。鞘翅斑点颇多变异，一般具有相当多的小型圆斑点。触角褐黑色，第 1—3 节被黄灰色绒毛，不甚紧密；第 4—11 节基部密被白色绒毛，显得黑白相间。雄虫体长与触角长比约为 1∶2.5，雌虫体长与触角长比约为 1∶1.8。前胸背板长阔几乎相等，或阔胜于长，侧刺突圆锥形，不大，有时很小；背板多横皱纹。鞘翅肩上具少数颗粒，末端微凹近乎平直。

● 寄主植物：桑、无花果、油桐等。● 观察时间：5—11 月。● 分布：北京、河北、河南、陕西、甘肃、江苏、安徽、浙江、湖北、江西、湖南、福建、台湾、广东、海南、广西、四川、贵州、云南；韩国、日本、越南。

❷ 伪鹿天牛 *Pseudomacrochenus antennatus*

体长 21 ~ 30 mm。体基色黑色，全身密被灰色和黄褐色绒毛。后头复眼后具黄褐色绒毛斑。前胸背板中央两侧各有黄褐色毛斑 1 个，边界不太明晰。小盾片密被黄褐色绒毛，基部中央具裸线。鞘翅斑点零散而不规则，端半部黄褐色斑多而密。触角第 3—10 节端部和第 11 节中部褐黑色，其余部分密被白色绒毛，显得黑白相间。触角长于体。前胸背板不具侧刺突。鞘翅肩上具少数颗粒，末端近乎圆。

● 观察时间：4—10 月。● 分布：福建、海南、四川、云南；印度、缅甸、越南、老挝。

❶ 宛氏伪迷天牛 *Pseudomeges varioti*

体长 32 ~ 76 mm。体基色黑色，全身密被灰色或黄绿色绒毛。前胸背板略显 3 个黑斑，分别位于中央及其两侧。小盾片密被绒毛，不具中央裸线。鞘翅斑点零散而不规则，大体均匀分布。触角有时候一些节的端部色深于基部，但不太显著。触角长于体。前胸背板侧刺突大而尖锐。鞘翅两侧近于平行，末端圆形。

● 观察时间：7 月。● 分布：海南、四川、云南、西藏；越南、老挝。

❷ 灰拟居天牛 *Pseudonemophas versteegii*

体长 20 ~ 36 mm。体被极密的淡灰色绒毛，灰色中常微带蓝色，把黑色底子完全遮盖，仅有若干无毛部分形成黑色小斑点。前胸背板 3 个斑点之间的后方及侧刺突基部后方，一般还有许多刻点状的小黑点。每鞘翅上有 20 ~ 30 个斑点，有时更少，排成五六条横行，每行约 5 个，从内向外侧下斜。触角被同样的淡灰色绒毛，柄节端部及自第 3 节起，各节端部或长或短地呈黑色，端部数节大部分是深色。雄虫体长与触角长比约为 1：2.5，有时稍短，雌虫体长与触角长比约为 1：1.6。前胸背板阔胜于长，侧刺突极显著。鞘翅末端圆。

● 寄主植物：据印度记载，本种是柑橘类及楝科崖摩属的重要害虫之一。
● 观察时间：4—7 月，10 月。● 分布：福建、海南、广西、四川、云南；印度、尼泊尔、缅甸、越南、老挝、泰国、印度尼西亚、马来西亚。

❸ 双斑糙天牛 *Trachystolodes tonkinensis*

体长 20 ~ 27 mm。体黑色被棕褐色绒毛，暗无光泽，每个鞘翅中部之后有一个大型倾斜黑色绒毛椭圆斑，斑纹周缘有一圈淡黄色绒毛。触角长于体长，柄节粗壮，刻点细密，微显皱脊，柄节同第 3 节近于等长，第 3 节显著长于第 4 节，以下各节渐次缩短趋细。前胸背板宽胜于长，侧刺突较长顶端较尖。胸面十分粗糙，中区有 4 个瘤突。鞘翅较短阔，后端稍窄，端缘圆形；前半部具粗大颗粒状刻点，以侧缘最密，颗粒刻点较小，基部中央成颗粒状隆脊，肩下有一纵列颗粒刻点，靠近中缝有短纵列细颗粒。

● 观察时间：7—8 月。● 分布：江西、福建、广东、海南、广西、四川、贵州、云南；越南、老挝。

❶ 斜带泥色天牛 *Uraecha obliguefasciata*

体长 15 ~ 21 mm。体基底黑色，被棕红色或淡棕灰色绒毛。前胸背板中央有一条棕红色绒毛纵纹，近前缘两侧及侧刺突内侧有浓密棕红色绒毛小斑，中区有稀少棕红绒毛，小盾片被浓密红棕色绒毛。鞘翅有 3 个黑褐色斜纹纹。触角自柄节起的各节端部黑褐色，其余部分被淡灰色、稀疏戳毛，柄节、体腹面及足被棕红色绒毛。触角丝状，十分细长，比虫体长 2 倍多。前胸背板侧刺突短钝。鞘翅狭长，翅端圆形。

● 观察时间：4 月。● 分布：贵州。

❷ 白斑泥色天牛 *Uraecha punctata*

体长 14 ~ 20 mm。体基底黑色，被棕红色或淡棕灰色绒毛。前胸背板基部中央有一小截棕红色绒毛斑（与小盾片相接），其两侧近侧边有稍长的纵纹，近前缘两侧也有浓密棕红色绒毛小斑，不那么近侧边，小盾片被浓密红棕色绒毛。鞘翅中部之后有一个黑褐色斜斑纹，不接近鞘缝，其前面有个大小差不多的白色绒毛斜斑，其后面直至端部被棕红色绒毛。触角丝状，十分细长，比虫体长 2 倍多。前胸背板侧刺突短钝。鞘翅狭长，后端收狭，端缘微斜切。

● 观察时间：4—6 月。● 分布：江西、福建、广东、海南、香港、云南；印度、越南。

❸ 肖墨天牛 *Xenohammus bimaculatus*（别名：二斑肖墨天牛）

体长 10 ~ 14 mm。体基底黑色，被棕灰色和黑色绒毛。前胸背板中央有一黑色细纵纹，小盾片被浓密棕灰色绒毛。鞘翅中部之后有一个黑色圆斑，镶有棕灰色边缘。鞘翅其余部分黑色和棕灰色夹杂。触角丝状，十分细长，比虫体长 2 ~ 3 倍，第 3 节长于柄节的 2 倍。前胸背板侧刺突短钝。鞘翅基部宽，后端收狭，末端圆形。

● 观察时间：5 月。● 分布：浙江、江西、福建、台湾、广东、海南、广西、贵州。

❶ 红浑天牛 *loesse rubra*

体长 36.9 ~ 43 mm。体基底黑色，密被黄褐色至深红色绒毛。以下部分黑色：触角（除柄节之外）、前胸侧刺突末端、各足胫节的大部分（除端部）和跗节末节。雄虫触角略长于体，雌虫触角略短于体，第 3 节最长，末节长于第 10 节。前胸背板侧刺突大而末端尖锐。鞘翅宽，两侧近于平行，末端宽圆形。

● 观察时间：2—7 月，10 月。● 分布：海南、云南；缅甸、越南、老挝、泰国。

❷ 伪粒肩天牛 *Pseudapriona flavoantennata* （别名：黑短柄天牛、墨脱浑天牛）

体长 28 ~ 34 mm。体漆黑色。触角前 3 节、第 4 节基半部和端部、其余各节的端部很小的部分黑色，触角的其余部分橘黄色。触角长于体，雄虫长于雌虫，第 3 节最长，末节长于第 10 节。前胸背板侧刺突中等大而末端尖锐。鞘翅基部宽，向后稍收狭，末端近圆形。

● 观察时间：3 月，6—8 月。● 分布：西藏；印度、缅甸。

❸ 黑肩瘤筒天牛 *Linda semivittata*

体长 14.5 mm 左右。体长圆筒形，头及前胸红褐色，口器黑色，触角基瘤及触角黑色，小盾片黑色，鞘翅橙红褐色，肩部黑色。背面密被红色绒毛及棕色或黑色直立毛，胸部腹板中央及腹部的大部分黑褐色，足黑色。触角略长或略短于体，第 3 节长于第 4 节，第 4—10 节长度递减，末节圆筒形，末端急剧尖锐，前胸背板宽略胜于长，两侧缘中后方各具一瘤状隆起，中区中央两侧及中点和中点之后各具一微弱的小瘤。鞘翅较前胸宽，两侧在中点之后处较窄，末端平截，缘角钝圆。

● 寄主植物：杜鹃。● 观察时间：7—8 月。● 分布：四川、云南。

① 黑瘤瘤筒天牛 *Linda subatricornis*

体长 13.5 ~ 18.5 mm。体长圆筒形，头及前胸黄褐色（干标本）至红色（活体），口器黑色，触角基瘤及触角黑色，小盾片黄褐色至红褐色，鞘翅全黑色，腹面黄褐色至红褐色。足大部分黑色，但腿节基部黄褐色。触角略短于体，第 3 节长于第 4 节，第 4—10 节长度递减，末节长于第 10 节，前胸背板两侧缘中后方各具一瘤状隆起。鞘翅较前胸宽，末端略凹切。

● 观察时间：5—9 月。● 分布：北京、陕西、宁夏、福建、重庆、四川。

② 黑翅脊筒天牛 *Nupserha infantula*

体长 7.5 ~ 13 mm。体长圆筒形，头黑色，前胸黄褐色，触角前 2 节黑色，其余各节黄褐色具黑色端。小盾片黄褐色但端缘黑色，鞘翅灰黑色但基部具 2 个黄褐色斑，分别位于小盾片旁边及侧面肩角处。腹面黄褐色和黑色相间。足大部分黄褐色，但后足胫节各和各足跗节黑色。触角略长于体。鞘翅较前胸宽，侧面具不太显著的纵脊 1 条，末端斜切。

● 观察时间：6—7 月。● 分布：河北、陕西、甘肃、浙江、湖北、江西、湖南、福建、广东、广西、四川、贵州、云南。

③ 短足筒天牛 *Oberea ferruginea*

体长 18 ~ 25 mm。体黄褐色至暗褐色，头、前胸黄褐色，触角黑色，鞘翅黄褐色至暗褐色，通常基部较淡色，胸部腹面黄褐色。腹部第 1 节和第 2 节前半部密被银灰色丝光绒毛，非常亮眼，第 2 节其余部分密被黑色绒毛。腹部第 3—5 节被黄褐色至褐色绒毛。基部中央及末节端部大半暗褐色。足大部分黄褐色，但各足跗节暗褐色。触角细长，长于体，柄节较粗，短于第 3 节，第 3 节长于第 4 节。鞘翅略宽于前胸，两侧中部较狭窄。

● 观察时间：4—8 月。● 分布：陕西、甘肃、湖北、湖南、福建、广东、广西、四川、云南；印度、尼泊尔、越南、老挝。

① **台湾筒天牛** *Oberea formosana*

体长 12～17 mm。体极狭长，橙黄色或橙红色。鞘翅两侧和末端以及腹部末节端沿常呈深棕色。触角深棕色，基部两节较黑，各节下沿被淡色缨毛。头部比前胸阔，与鞘翅基部约相等。触角细长，雄虫超过体长 1/3～1/2，雌虫与体约等长。柄节较第 3 节略短，第 4 节显较第 3 节为长。前胸圆筒形，长略胜于宽，无侧刺突。鞘翅极长，肩部以后狭缩，末端斜切，微凹，两端角尖锐，均呈齿状。足短，腹狭长。

● 观察时间：4～8 月。● 分布：东洋广布。

② **暗翅筒天牛** *Oberea fuscipennis*

体长 11～22 mm。体长圆筒形，黄褐色。复眼黑色，触角总体黑色但第 5—8 节色稍淡，显暗褐色，鞘翅暗褐色，基部稍淡。足胫节和跗节稍深色于腿节。触角与体约等长，柄节短于第 3 节，第 4 节约等于第 3 节，末端端尖。前胸圆筒形，长宽约等，无侧刺突。鞘翅较前胸稍宽，末端斜切。后足腿节达腹面第 2 节末端。

● 观察时间：4～6 月。● 分布：河北、江苏、浙江、湖北、江西、湖南、福建、台湾、广东、海南、广西、四川、贵州、西藏；朝鲜、韩国、日本、越南、老挝。

③ **灰尾筒天牛** *Oberea griseopennis*

体长 15 mm 左右。头部黑色，触角、鞘翅（基部除外）暗褐色至黑色，前胸、小盾片、鞘翅基部及体腹部橙黄色，后胸腹板中央、腹部第 2，3 节基部中央及末节端部大半暗褐色。足大部分黄褐色，但后足胫节（除基部外）和各足跗节黑色。触角细长，雄虫约与体等长，柄节较粗，略短于第 3 节，第 3，4 节等长，第 5 节以后各节长度递减。前胸宽略胜于长，基部稍收缩，两侧缘中央略微突出。鞘翅末端斜切。

● 寄主植物：樟。● 观察时间：6—7 月。● 分布：陕西、浙江、湖北、台湾、广东、广西、四川。

❶ 菊小筒天牛 *Phytoecia rufiventris*

体长 6 ～ 11 mm。体小，圆筒形，黑色，被灰色绒毛，但不厚密，不遮盖底色。前胸背板中区有一相当大的、略带卵圆形的三角形红色斑点。腹部、各足腿节（中、后腿节除去末端）、前足胫节除去外沿端部以及中、后足胫节基部外沿均呈橘红色。触角被稀疏的灰色和棕色绒毛，下沿有稀疏的缨毛。触角与体近乎等长，雄虫稍长。前胸背板阔胜于长，刻点相当粗糙，红斑内中央前方有一纵形或长卵形区无刻点，且此处特别拱凸。鞘翅刻点亦极密而乱，绒毛均匀，不形成斑点。

● 寄主植物：多种菊花。● 观察时间：4～7月。● 分布：黑龙江、吉林、内蒙古、河北、山西、山东、河南、陕西、江苏、安徽、浙江、湖北、江西、湖南、福建、台湾、广东、广西、四川、贵州；俄罗斯、蒙古、朝鲜、韩国、日本。

❷ 二点小筒天牛 *Phytoecia guilleti*

体长 9 ～ 12.5 mm。体黑色。前胸大部分黄褐色，有时前胸背板两侧及前、后缘，或多或少带黑色，前足腿节大部分黄褐色，中后足仅腿节基部黄褐色。前胸背板中区两侧各有一个小黑点，除前胸背板上具淡黄色绒毛外，其余部分全被灰色绒毛，小盾片上灰黄色绒毛较浓密。雄虫触角长度超出鞘翅端，雌虫触角稍短，伸至鞘翅末端。柄节略粗大，稍短于第3节。前胸背板宽胜于长，圆柱形。鞘翅肩之后逐渐狭窄，端缘圆形。

● 观察时间：6—8 月。● 分布：四川、云南。

❸ 云南小筒天牛 *Phytoecia testaceolimbata*

体长 12 mm 左右。体黑色。前胸大部分黑色，背板端半部或多或少红褐色，前胸背板中区两侧各有一个小黑点。通常足腿节背面黑色而腹面红褐色。小盾片黑色。鞘翅大部分黑色被灰色毛，仅基部紧靠小盾片处有红斑，缘折黄褐色。雄虫触角长度超出鞘翅端，雌虫触角稍短。柄节略粗大，稍短于第3节。前胸背板圆柱形。鞘翅肩之后逐渐狭窄，端缘平截。

● 观察时间：6—8 月。● 分布：四川、云南。

① 白点勾天牛 *Exocentrus alboguttatus*

体长 5～8 mm。体暗红棕色。体背面、触角及足密被较长的直立鬃毛，很多地方被较薄的白色短绒毛。每鞘翅上各具 6 条以上间断的或部分连接的绒毛斑纵线，中部各具一较宽的横带，向后倾斜伸达至中缝。触角细长，略长于体，柄节约与第 3 节等长，第 4 节约为第 3 节长的 2/3，其余各节长度超过第 3 节长之半。前胸横阔，宽约为长的 2 倍，在侧缘中部之后各具一短而指向后方的尖刺。鞘翅近端部显著向后狭窄，缝角钝圆。

● 观察时间：5—6月。● 分布：海南、广西、四川、云南；印度、尼泊尔、缅甸、越南、老挝、泰国、菲律宾、马来西亚。

② 白腰天牛 *Anaches dorsalis*

体长 10～14 mm。体黑色。头和前胸黑色密被褐色绒毛，具少许白色绒毛但不形成显著斑纹。触角黑色，第 3—6 节具基部白环纹。鞘翅基部具黑色毛斑位于凸起上，中部具宽阔的白色绒毛斑，边缘不整齐，边缘内具两道更白（绒毛更密）的边。鞘翅其余部分被褐色绒毛和白色散点。触角长于体。前胸无侧刺突。鞘翅较前胸稍宽，末端圆形。

● 观察时间：7月。● 分布：陕西、浙江、福建、香港、广西、重庆、四川、贵州、云南；印度、尼泊尔、孟加拉国、越南、老挝、泰国。

③ 窝天牛 *Desisa subfasciata*（别名：白带窝天牛）

体长 8～15 mm。体黑褐色至黑色，鞘翅色泽较淡，大多棕褐色，被黑褐色、棕褐色及棕红色绒毛，一些部位散生少许白色细毛。每翅中部有一条宽阔灰白色横斑，斑纹前后的边缘呈不规则状弯曲。触角被棕褐色绒毛，自第 3 节起各节基部有灰白色绒毛。雄虫触角长于体，雌虫触角则达鞘翅端部，柄节末端背面具细皱纹刻点，第 3 节与第 4 节约等长。前胸背板宽显胜于长，两侧缘微弧形，不具侧刺突。鞘翅较短而宽，端部圆形。

● 寄主植物：桃。据国外资料，为害大叶羊蹄甲，粗糠柴。● 观察时间：4—11 月。● 分布：河南、江苏、浙江、湖北、广东、海南、香港、广西、云南；日本、印度、尼泊尔、越南、老挝、柬埔寨。

❶ 弧线皱额天牛 *Mispila curvilinea*

体长 18 mm 左右。体黑色。头黑色，具淡褐色绒毛斑纹。触角黑色但第 3 节被绒毛显淡褐色。前胸具 3 条淡褐色纵纹，中央一条，两侧各一。鞘翅基部具一个心形大斑，两道周边内包含数条红褐色纵纹，间杂黑色刻点组成的纵纹，煞是好看。鞘翅端部也具不规则的淡褐色斑纹。足密被淡褐色绒毛。触角稍长于体。前胸无侧刺突。鞘翅较前胸稍宽，末端圆形。

● 观察时间：5—6 月。● 分布：广西、云南；印度、越南、柬埔寨。

❷ 刻额皱额天牛 *Mispila punctifrons*

体长 14 ~ 15 mm。体黑色。后头除了一个小三角形黑斑外密被黄褐色绒毛，触角黑色被灰褐色毛，各节基部绒毛较多而端部色较深。前胸背板具一个由黑斑和凸起共同形成的动物脸图案，很是奇特。鞘翅黑色被褐色和灰色绒毛斑纹，基部具少许颗粒。触角长于体，柄节短于第 3 节。前胸无侧刺突。鞘翅较前胸稍宽，末端圆形。足具显著的白色长毛。

● 观察时间：3 月，11 月。● 分布：云南；孟加拉国。

❸ 侧斑吉丁天牛 *Niphona lateraliplagiata*

体长 20 mm 左右。体黑色，密被褐色、白色和黑色绒毛。触角黑色，前 3 节密被褐色毛，第 4—11 节各节基部被白色绒毛而端部黑色。前胸背板和鞘翅密被褐色绒毛并夹杂乱的黑色小点。鞘翅基部 1/3 处具显著的白色绒毛斑，远离中缝而伸至侧缘。触角稍长于体，柄节短于第 3 节。前胸无侧刺突，背板具纵脊突。鞘翅较前胸稍宽，向后显著缩窄，末端平截。

● 观察时间：5 月。● 分布：云南；缅甸、越南。

❶ 环角坡天牛 *Pterolophia annulata*

体长 9 ~ 14.5 mm。体棕红色，全身密被绒毛，色彩颇有变异，一般基色从棕黄色、棕红色、深棕色到铁锈色，并在深色底子上或多或少杂有较浅色的毛，最显著的是鞘翅中部有一极宽的横带。前胸背板中央及中后方毛色较淡，大都为灰白色或灰黄色。鞘翅基部中央一般毛色亦较淡。触角自第 3 节起每节基、端毛色较淡，但第 4 节中部极大部分被淡色毛。触角短于体，第 3 节和柄节或第 4 节长度近乎相等。鞘翅端部 1/3 区域向下倾斜，末端圆。

● 寄主植物：桑。● 观察时间：6—10 月，12 月。● 分布：河北、河南、陕西、江苏、上海、浙江、湖北、江西、湖南、福建、台湾、广东、海南、香港、澳门、广西、四川、贵州、云南；韩国、日本、缅甸、越南。

❷ 环斑突尾天牛 *Sthenias franciscanus*

体长 14 ~ 22 mm。体基底黑色至黑褐色，被覆黑色、黑褐色、淡棕褐色及淡棕灰色浓密绒毛。前胸背板中区有 4 条黑色条纹。鞘翅大部分黑褐色，每翅前半部有 2 条淡棕褐色或淡棕灰色斜的细条纹，中部之后有一条较宽的斜斑，斜斑后端有一条黑褐色细斜纹，两翅端区组成一个圆形黑斑，圆斑靠后有一条弧凹形淡色横纹。触角黑褐色，柄节背面、第 2 节、第 3 节基部约 1/2 处及以下各节基部为淡色绒毛。雄虫触角同体近于等长，雌虫触角短于体。鞘翅端缘呈叶突。

● 观察时间：10 月。● 分布：湖南、福建、广西、云南；越南、马来西亚、印度尼西亚。

❸ 二斑突尾天牛 *Sthenias gracilicornis*

体长 14.5 ~ 19 mm。体淡红棕色，密被棕灰色绒毛。头部棕黑色，后头中央两侧各具一横形黑斑。触角柄节暗棕色，第 3 节起基端具白环。前胸暗棕色，具部分淡红色毛。鞘翅淡红棕色，基部 3/5 密被棕灰色毛，基部中央各具一黑色长毛的基瘤，在中缝中点之前各具一两个白毛斑，鞘翅端部 1/3 的基端处各具一不规则的锯齿状白毛横带，随后靠近中缝处紧接一斜行黑斑。触角长于体，柄节粗大，第 3 节最长，其后各节长度递减。前胸两侧稍圆，背面中点之前每侧各具一隆起。鞘翅端部稍窄，缘角略向外突出。

● 观察时间：7 月，9 月。● 分布：江西、湖南、福建、广东、海南、香港、广西、云南、西藏。

1 条胸突尾天牛 *Sthenias pascoei*

体长 15 ~ 20 mm。体黑色，被覆黑色、棕褐色及灰白色浓密绒毛。本种与环斑突尾天牛 *Sthenias franciscana* 很接近，其主要区别特征是：本种前胸背板淡色与黑色细条纹分界不清楚，鞘翅基部淡色条纹不显著，中部之后具淡白色横斑，夹杂少许黑点，两翅端区组成的圆形黑斑较不规整。雄虫触角同体近于等长，雌虫触角短于体，第 3 节长于第 4 节，第 5 节之后的各节依次减短而趋细。前胸背板两侧无刺突。鞘翅两侧平行，后端稍窄，端缘呈叶突。

● 观察时间：10—12 月。● 分布：云南；泰国、印度尼西亚。

2 弱筒天牛 *Epiglenea comes*（别名：黄纹小筒天牛）

体长 6 ~ 11 mm。体黑色。额前沿及复眼周围具较密的黄白色毛。触角具稀薄的灰白色短毛，下沿具较长的缨毛。前胸背面中央及两侧缘各具一黄白色纵条纹；侧缘的条纹较宽，内缘呈波状。小盾片沿中线后半具较密的黄白色毛。鞘翅黑褐色，从基部中央各具一硫黄色宽纵纹向后延伸至中点之后，在此纵纹与翅端之间各具 2 条硫黄色短横斑。腹面密被黄白色绒毛，以两侧的毛较致密。足淡红色。触角稍比体长，第 3 节最长，第 4 节略长于柄节，第 4—11 节长度递减。前胸圆筒形。鞘翅两侧近于平行，近端部稍狭窄，末端平截。

● 观察时间：5—7 月。● 分布：河南、浙江、江西、湖南、福建、台湾、广东、广西、重庆、四川、贵州、云南；蒙古、韩国、日本、越南。

3 拟修天牛 *Eumecocera impustulata*

体长 9 ~ 14 mm。体黑色，被蓝绿色绒毛。头黑色被蓝绿色绒毛，后头黑色，触角黑色。前胸背板具 2 个相当宽的纵斑，不接前后缘。鞘翅显蓝绿色，不具斑纹。触角长于体，第 3 节长于柄节和第 4 节。前胸背板两侧无刺突。鞘翅两侧平行，后端稍窄，端缘近圆形。

● 观察时间：5—7 月。● 分布：黑龙江、辽宁、内蒙古、北京、河北、安徽；俄罗斯、蒙古、朝鲜、韩国、日本。

❶ 眉斑并脊天牛 *Glenea cantor*

体长 10 ～ 15 mm。体黑色。头黑色被白色和黄色绒毛，后头具 3 个黑色纵斑，触角黑色。前胸背板中区具 4 个黑斑，一般前端两个较大，侧面又各具 4 个黑斑，其余部分密被白色和黄色绒毛。小盾片黑色，边缘具白毛。鞘翅红褐色，端部黑色具白色绒毛形成的四方框斑纹，导致形成 2 个黑色横斑。前中足红褐色，后足黑色。触角长于体，第 3 节长于柄节和第 4 节。前胸背板两侧无刺突。鞘翅端缘平截，端缘角尖齿状突出。

● 观察时间：5—8 月，12 月。● 分布：江西、广东、海南、香港、广西、贵州、云南；印度、越南、泰国、菲律宾。

❷ 桑并脊天牛 *Glenea centroguttata*

体长 11 ～ 18 mm。体黑色带蓝，被黑色或棕黑色绒毛及细疏竖毛。背面中央纵区，从头部到翅端有一系列的藤黄色绒毛大斑点，排成一条直行：头顶中央 1 个；前胸背板 2 个，前一个长形，后一个哑铃形；小盾片全部藤黄色；鞘翅中缝上 3 个（两翅共同），第 1 个卵形，第 2 个心形，第 3 个圆中带方，端部每翅各一个较小的圆形或三角形，端缘黄色。鞘翅上还另有 2 个小黄点和侧面的黄斑。触角较体略长，除基部数节外，布有不甚厚密的灰白色短绒毛。前胸背板两侧中部略隆起呈瘤状，但无刺突。鞘翅末端内、外角都很尖锐，外角突出较长。

● 寄主植物：桑。● 观察时间：5—8 月。● 分布：河南、陕西、甘肃、福建、台湾、广东、广西、四川、云南、西藏；日本。

❸ 拟蜥并脊天牛 *Glenea hauseri*

体长 12 mm 左右。体黑色，被灰色和黄色绒毛。头几乎全部覆盖黄色绒毛，触角黑色，各节基部具白环。前胸被黄色绒毛，中部具一小黑点，侧面各具 2 个小黑点。鞘翅四周绒毛黄色，中区绒毛灰色，沿着侧脊具 5 个黑斑，最基部一个最大。足黑色，被稀疏灰色毛。触角较体长，第 3 节最长。前胸背板无刺突。鞘翅末端凹切。

● 观察时间：6—9 月。● 分布：湖南、四川、云南。

❶ 越并脊天牛 *Glenea langana*

体长 11 ～ 19 mm。体黑色，被橘黄色（雄虫）或红色（雌虫）绒毛。头和前胸密被绒毛，雄虫后头绒毛较少常黑色，雌虫前胸侧面黑色。触角和足黑色。鞘翅边缘黑色但黑边不达端部。触角长于体，雌虫短于雄虫，第 3 节长于第 4 节。前胸背板两侧无刺突。鞘翅基部宽，向后稍窄，端缘平切。

● 观察时间：5—9 月。● 分布：广西、云南；越南、老挝。

❷ 莫氏并脊天牛 *Glenea mouhotii*

体长 12.3 ～ 18 mm。体乌黑色，具乳黄色绒毛斑纹。头部额两侧缘和前缘呈乳黄色"U"形条纹，复眼及后方、头顶、后头及触角均黑色。足黑色。前胸背板大部乳黄色，唯中部中央至前缘中部具一大黑斑，前胸侧面前足基节外侧后半部具一黑色大斑。小盾片乳黄色。鞘翅黑色，中部后方具一条乳黄色宽横带，近端部各具一个斜向的灰白色毛斑，不很明显。腹面多处地方具黄色绒毛斑。触角略长于体，柄节背侧方有纵脊。鞘翅肩角明显，沿肩角下方有纵脊 2 条，翅端平截，缘角不比缝角突出长。

● 观察时间：5—8 月。● 分布：香港、云南；越南、老挝、泰国、柬埔寨。

❸ 新宽肩并脊天牛 *Glenea neohumerosa*

体长 8.4 ～ 13 mm。体黑色，具白色（刚羽化时和干标本）或黄色（定色后的活体）斑纹。斑纹分布如下：头部额区沿复眼 2 条纵纹，伸至唇基处；头部侧面复眼下面有绒毛斑纹（注：雄虫上述斑纹更发达而互相连接愈合，只剩下额区上部中央一处小黑斑）；后头中央 2 条短纹几乎互相愈合。前胸中央一条细纵纹，两侧各一条稍粗的纵纹。小盾片密被绒毛。每鞘翅具 5 个斑点。触角长于体，第 3 节最长。鞘翅末端凹切，缘角长而尖锐。

● 观察时间：3—7 月，9 月。● 分布：福建、海南、广西；越南。

① 蝶斑并脊天牛 *Glenea ornata*

体长 9 ~ 14 mm。体黑色，密被硫黄色绒毛。触角略带红褐色。前胸背板中区有 2 条黑纵斑，相互接近。鞘翅大部分黑色，具硫黄色绒毛斑纹，沿中缝有 2 个合生斑纹，第 1 个在前半部，约呈"X"形纹，在"X"形纹内各有一个小圆斑；第 2 个在中部之后，呈蝶形斑纹，紧靠蝶形纹外侧各有一小斑点；端部前有一短横斑，端缘有一狭斜纹；侧缘棕黄色，基部略有少许硫黄色绒毛，翅缘折基部亦具同色绒毛。触角略长于虫体。柄节稍粗，第 3 节显著长于柄节。前胸背板侧缘稍圆。鞘翅肩稍宽，端缘斜截，外缘角略尖，较短。

● 观察时间：6—8 月。● 分布：云南、西藏；印度、不丹。

② 红角并脊天牛 *Glenea pallidipes*

体长 10.5 ~ 12 mm。体红褐色。后头具 2 条很接近的纵斑，触角红褐色。前胸背板具 3 条浅褐色细纵斑，或者说具 2 条黑褐色粗纵斑，侧面也是浅褐色和黑褐色相间。小盾片浅褐色。鞘翅浅褐色斑纹如下：鞘缝一条至端部附近向外倾斜并延伸至端缘角，侧缘一条从头至尾，基半部中央一条微斜向中缝，中部一段斜斑与中缝连接。足浅黄褐色，胫节端部和跗节黑色。触角长于体，第 3 节最长。鞘翅肩角明显，沿肩角下方有纵脊 2 条，端缘角长而尖锐。

● 观察时间：4—6 月，9 月。● 分布：广西、贵州、云南；越南、老挝。

③ 小星并脊天牛 *Glenea pici*

体长 8 ~ 13 mm。体黑色，足腿节、胫节基部和后足跗节栗壳色。体表下列各处具淡蓝色绒毛条纹：头部沿复眼周围、触角基瘤内侧、前胸背板中线及两侧缘，小盾片中部，前足基节外侧，中胸后侧片，后胸腹板两侧，后胸前侧片后端、第 1—4 腹节腹板后缘、第 5 腹板两侧以及每鞘翅上 5 个小圆斑。第 1，2 斑在基半部稍前方，左右并列，第 3，4，5 斑随后等距离排列，第 5 斑最大，近翅端。触角长于体，柄节短于第 3 节。前胸背板两侧缘微突。鞘翅 2 条纵脊发达、平行，伸至近翅端前消失，翅端稍斜截，浅凹。

● 寄主植物：鹊肾树。● 观察时间：4—7 月。● 分布：广西、云南；印度、越南、老挝、泰国。

❶ 黑色复纹并脊天牛 *Glenea pieliana nigra*

体长 10.4 ~ 12 mm。体暗黑色。触角暗黑色，第 3 节末端 1/3 被白色细毛。足腿节基部赭褐色。体表有淡黄色绒毛条斑，头顶至后头中央两侧各一黄色纵条，复眼上叶后方后头两侧一短纵条。前胸背板中央及两侧各一黄色纵条。鞘翅背面在中缝、侧缘、侧缘内侧、肩角至鞘翅基部 1/4 处，以及鞘翅近末端中缝外侧各有一黄色纵条，鞘翅背方中部及末端 1/4 处，各有 2 个黄斑点。触角较体略长，第 3 节较柄节长 1 倍，第 4 节与柄节等长。

● 观察时间：4—7 月。● 分布：江西、福建、广东、海南、广西。

❷ 拟莫氏并脊天牛 *Glenea problematica*

体长 11 ~ 17 mm。体乌黑，具黄色绒毛斑纹。头部额两侧缘和前缘呈乳黄色"U"形条纹。复眼及后方、头顶、后头及触角均黑色。足黑色。前胸背板大部黄色，唯中部中央至前缘中部具一大黑斑，前胸侧面前足基节外侧后半部具一黑色大斑。小盾片黄色。鞘翅黑色，中部后方有一条黄色宽横带，近端部各有一个斜向的灰白色毛斑，不很明显。腹面多处地方具黄色绒毛斑。触角略长于体，柄节背侧方有纵脊。鞘翅肩角明显，沿肩角下方有纵脊 2 条，翅端平截，缘角比缝角突出长。

● 观察时间：4—9 月。● 分布：甘肃、青海、云南；缅甸、老挝、泰国。

❸ 丽并脊天牛 *Glenea pulchra*

体长 12.5 ~ 20 mm。体基底蓝绿色至深蓝色，覆盖有黑褐色至黑色绒毛，具有淡黄色或白色毛斑。鞘翅肩呈蓝绿色光泽，鞘翅侧缘及后半部略显紫铜色光泽。触角黑色，被有棕褐色绒毛。前胸背板有 9 个大小不等的淡黄色毛斑，前缘 4 个，后缘 4 个，中部后端一个，一般中央的一个较大。小盾片末端被淡黄色绒毛。鞘翅一般有 5 个白色小斑。体腹面除腹部末节外，大多数两侧具白色毛斑。雄虫触角超过体长的 1/4，雌虫触角与虫体等长，第 3 节长于第 4 节。鞘翅较长，末端稍窄，端缘平截，缘角较尖。

● 观察时间：5—9 月。● 分布：台湾、广西、贵州、云南、西藏；印度、尼泊尔、缅甸、越南、老挝、泰国、马来西亚、印度尼西亚。

① **四斑并脊天牛** *Glenea quadrinotata*

体长 14 ~ 22 mm。体黑色。头密被赭黄色绒毛，后头具 3 个黑斑，触角漆黑色。前胸背板具 2 条黑色粗纵斑。小盾片赭黄色。鞘翅基半部有 2 条黑色纵斑，端半部有 3 条黑色纵斑，翅端前有黑色横斑。足黑色密被赭黄色绒毛。触角长于体，第 3 节最长。鞘翅肩角明显，沿肩角下方有纵脊 2 条，翅面基半部具 2 条纵脊，翅端凹切。

● 观察时间：5—9 月。● 分布：云南；印度、缅甸、越南、老挝、马来西亚。

② **榆并脊天牛** *Glenea relicta*

体长 7.5 ~ 14 mm。头、胸及腹面黑色或棕黑色。触角棕黑色。鞘翅及足棕红色，前者的端区有时色彩较深，后者的腿节基部有时较淡。绒毛棕黑色或棕红色。此外，还有白色的绒毛斑纹，主要分布如下：额全部，以两侧较密；头顶中部有时形成两条纵纹；前胸背板上 3 条纵纹，中央 1 条，两侧各一，有时侧纹缺如（雌虫）。每一鞘翅上有 5 个白斑点，排成曲折的纵行，第 1，2 个在中部之前，较小；末一个在端末，较大。触角一般超过体上 1/3，第 3 节长于柄节或第 4 节。鞘翅末端内、外端角均尖锐，尤以外角突出很长。

● 寄主植物：柳榆。● 观察时间：5—7 月。● 分布：陕西、江苏、安徽、浙江、湖北、江西、湖南、福建、广东、海南、广西、四川、贵州；韩国、印度、越南。

③ **弧纹并脊天牛** *Glenea vaga*

体长 8.3 ~ 11.2 mm。体浅褐色。头密被白色绒毛，触角浅褐色。前胸背板具 5 条白色细纵斑，中央 1 条，两侧各 2 条。小盾片白色。鞘翅基半部有 2 条白色纵斑，中央一条较短，靠侧缘的一条伸直中部横斑，端半部有一个近圆形白斑，翅端前有白色横斑。足浅褐色。触角略长于体，第 3 节最长。鞘翅肩角明显，沿肩角下方有纵脊两条，翅端凹切，端缘角显著。

● 观察时间：4—10 月。● 分布：云南；印度、尼泊尔、缅甸、老挝、泰国、柬埔寨、马来西亚。

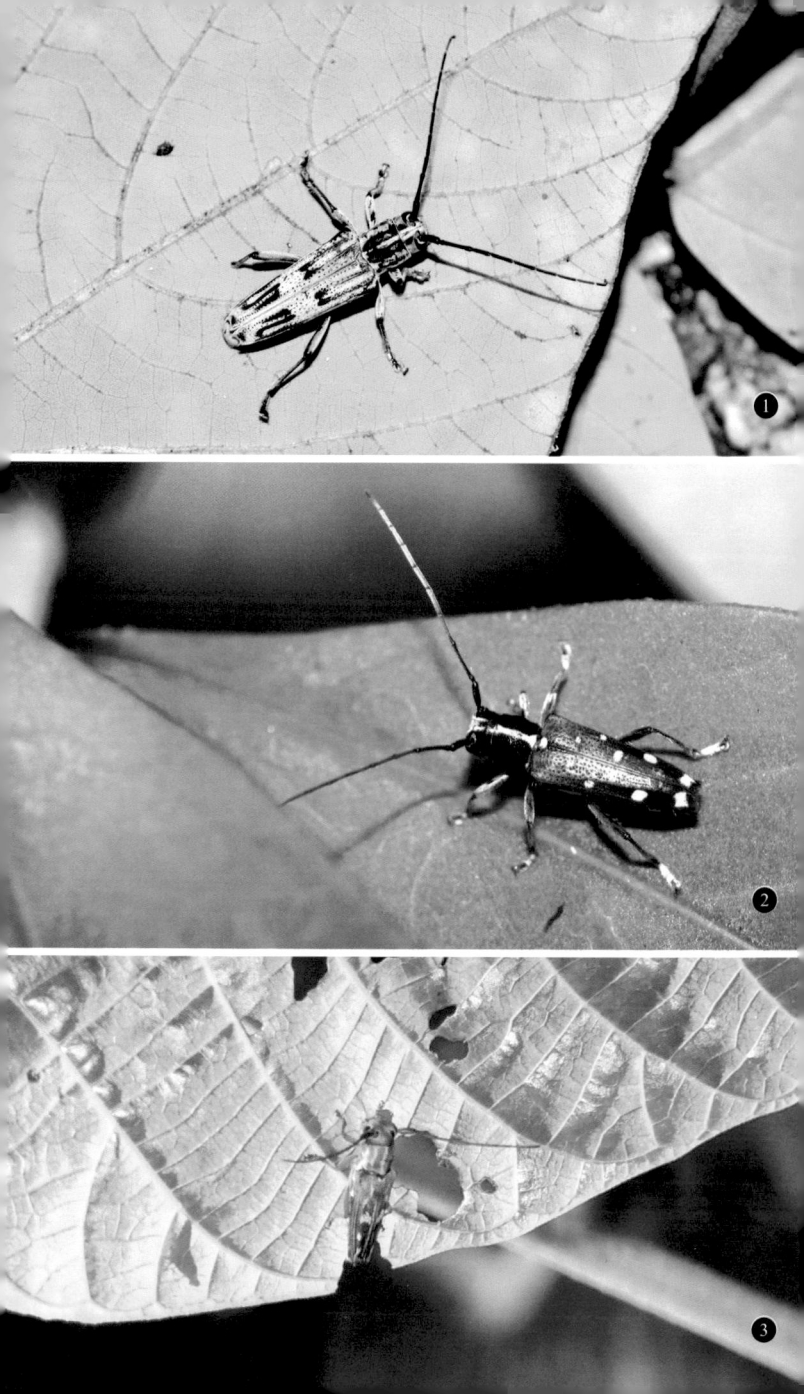

❶ 颚天牛 *Mandibularia nigriceps* （别名：红颚天牛）

体长 17 ~ 22 mm。体黑色，前胸和鞘翅红色，头和触角深黑色，前胸背板和鞘翅红色，小盾片黑色，足黑色。触角长于（雄虫）或稍短于（雌虫）体，第 3 节最长，第 4 节长于柄节，其后各节逐渐变短但末节长于第 10 节。前胸背板宽大于长，具不好描述的瘤突。鞘翅没有纵脊，盘区具不明显的 3 条纵脊，向后狭缩，翅端尖齿状。雄虫爪附齿式，雌虫爪单齿式。

● 观察时间：7 月。● 分布：西藏；印度、越南。

❷ 培甘弱脊天牛 *Menesia sulphurata*

体长 6 ~ 11 mm。小型天牛。体棕栗色到黑色，足橙黄色到棕红色，触角除柄节外，其余各节从棕黄色到深棕栗色。体背面密被褐黑色及黄色绒毛，后者从淡黄色到深黄色，有时微带绿色，形成极显著的斑点。计头顶全部或大部被淡色绒毛，一般前胸背板中区两侧各具 2 个黑斑点，此斑变异很大，通常彼此合并成一个阔斑点，由中央一条细狭的淡色纵纹所分隔。小盾片大部被黄色绒毛。每鞘翅具 4 个黄色大斑点，从基部到端区排成一直行。触角长超过体长 1/4 以上，雌雄差别不大，第 3，4 节近乎等长。鞘翅末端近乎切平。

● 寄主植物：培甘（山核桃属）。● 观察时间：6—8 月。● 分布：吉林、北京、河北、山西、山东、河南、陕西、湖北、台湾、四川；俄罗斯、朝鲜、韩国、蒙古、日本、哈萨克斯坦。

❸ 突肩拟鹿岛天牛 *Mimocagosima humeralis*

体长 17 ~ 22 mm。体黑色，鞘翅红褐色。头黑色，额区密被赭黄色绒毛（中央具黑斑），触角深黑色，各节（除柄节外）基部具白色绒毛。前胸背板密被赭黄色绒毛，中区具大型黑斑，一般基半部较大，前胸两侧各有一个黑斑。小盾片黑色。鞘翅红褐色密被赭黄色绒毛，具 3 个黑斑，分别位于肩角、基部 1/3 处的中央、基半部的侧面。足黑色。触角短于体，第 3 节最长。鞘翅没有纵脊，向后稍狭缩，翅端圆形。

● 观察时间：5—7 月。● 分布：福建、广东、广西、云南。

① **双脊天牛** *Paraglenea fortunei*（别名：苎麻双脊天牛）

体长 9.5 ~ 17 mm。体被极厚密的淡色绒毛，从淡草绿色到淡蓝色，并饰有黑色斑纹，由体底色和黑绒毛所组成。淡黑两色的变异很大，形成不同的花斑型，特别是鞘翅。前胸背板淡色，中区两侧各有一圆形黑斑。每一鞘翅上有 3 个大黑斑，第 1 个处于基部外侧，包括肩部在内；第 2 个稍下，处于中部之前，向内伸展较宽，但亦不达中缝；第 3 个处于端部 1/3 处，显然由 2 个斑点所合并而成，中间常留出淡色小斑，处于靠外侧部分。第 2，3 斑点在沿缘折处由一条黑色纵斑使之相连，翅端淡色，这是本种鞘翅花斑的基本类型。以此类型，有时各斑或多或少缩小或褪色，甚至完全消失，但最常见的是黑斑扩大，第 1，2 两斑完全并合，以致翅前半部完全黑色，中间仅留出一极小的、有时模糊的淡色斑，作为两斑并合的痕迹；端部斑点亦扩大到更大面积，使中间淡斑消失。在此情况下，鞘翅全部被黑色所占据，仅留出中间一条淡色横斑和末端极小部分淡色。触角黑色，基部第 3，4 节多少被草绿色或淡蓝色绒毛，特别是下沿。触角较体略长，雌雄差异不大。鞘翅末端钝圆。

● 被害植物：苎麻、木槿、桑等。● 观察时间：5—7 月。● 分布：黑龙江、吉林、北京、河北、河南、陕西、江苏、上海、安徽、浙江、湖北、江西、湖南、福建、台湾、广东、广西、重庆、四川、贵州、云南；日本、越南。

② **刺筒天牛** *Spinoberea subspinosa*

体长 7 ~ 14 mm。体型瘦小，背面橙红色，被丝光细绒毛。腹面及足大部分黑色，被银灰色细绒毛。触角黑色，下沿有细缕毛，前、中足基部及腿节内侧土黄色至暗褐色。头部具稀疏深刻点。触角长过体 1/3，第 3 节稍长于第 4 节。前胸背板宽胜于长。小盾片近方形，中央有纵沟。鞘翅表面有 8 ~ 9 列细刻点，端缘尖。后足腿节超过第 3 腹节后缘。

● 观察时间：7—8 月。● 分布：重庆、四川、云南；越南。

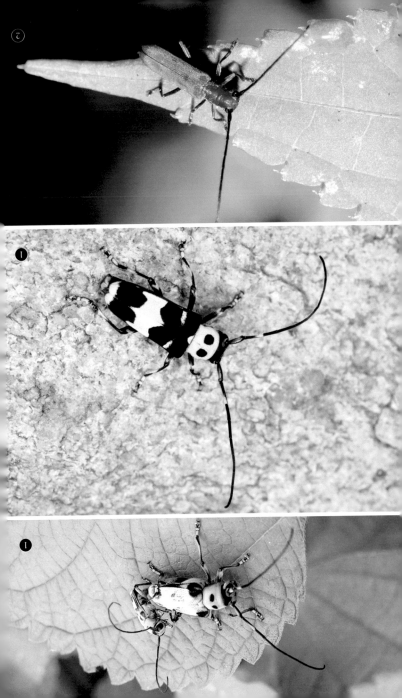

❶ 刺楔天牛 *Thermistis croceocincta*（别名：黄带刺楔天牛）

体长 14 ~ 23.5 mm。体黑色，大部分密被黄色绒毛。头黑色，额区密被黄色绒毛。触角深黑色，各节基部和端部具白色绒毛细环。前胸背板中区具大型黑斑，一般基半部较大。小盾片黑色。鞘翅具 3 条黄色横带，分别位于基部小盾片之后、中部之后（斜行横带）和翅端。足黑色，腿节常被黄色绒毛。触角长于体，雄虫略长于雌虫，第 3 节最长。鞘翅没有纵脊，翅端微平截。

● 观察时间：3—8 月，10—11 月。● 分布：陕西、安徽、浙江、湖北、江西、湖南、福建、广东、海南、香港、广西、四川、贵州、云南；印度、越南、泰国。

❷ 海南刺楔天牛 *Thermistis hainanensis*

体长 24 ~ 30.5 mm。体黑色，大部分密被黄色绒毛。头黑色，额区密被黄色绒毛，触角深黑色，各节基部和端部具白色绒毛细环。前胸背板中区具大型黑斑，一般基半部较大，端半部缩小甚至缺失（完全被黄绒毛覆盖）。小盾片黑色。鞘翅 3 条黄色横带彼此相接，换过来说鞘翅具 3 个黑斑，分别为肩角黑斑、中央黑斑和翅端前的斜行黑斑。足黑色，腿节常被黄色绒毛。触角雄虫略长于体，雌虫略短于体，第 3 节最长。鞘翅没有纵脊，翅端圆形。

● 观察时间：4—5 月。● 分布：海南。

❸ 黄纹刺楔天牛 *Thermistis xanthomelas*

体长 23 ~ 30 mm。体黑色，腹面大部分被黄色绒毛，背面具黄色绒毛斑。头黑色，额区密被黄色绒毛。触角黑色，基部第 3 节和第 4 节前半部覆盖灰色绒毛。前胸背板中区具大型黑斑，侧刺突端部黑色，侧刺突往前黄色，往后灰白色。小盾片黑色。鞘翅具 3 条黄色横带，分别位于基部小盾片之后（通常波浪形）、中部之后（微斜行横带）和翅端。鞘翅黄斑变化较大，尤其是中部之后的斜带常常缺失。足黑色，腿节常被黄色绒毛。触角略短于体，第 3 节最长。鞘翅没有纵脊，翅端微凹切，有时几乎圆形。

● 观察时间：4—8 月。● 分布：福建、海南、广西、云南；缅甸、越南、老挝。

❶ 竖毛天牛 *Thyestilla gebleri*（别名：麻竖毛天牛）

体长 8 ~ 16 mm。本种体形与色彩很像一粒葵花子。体黑色，被有厚密的绒毛和相当密的竖毛。前胸背板具 3 条灰白色绒毛直纹，中央一条，两侧各一。每鞘翅沿中缝及自肩部而下各有灰白色纵纹一条，前者直达端末，通过后缘弯上侧缘；后者自肩基直达端区，但不到端末。小盾片被灰白绒毛，仅两个前侧角黑色。体背面其他各处，包括头顶中区在内，绒毛色彩变异很大，从淡灰色、深灰色、草灰绿色到棕黑色，深色个体绒毛较稀薄。触角长度与体长相仿，雄虫最长的略超过尾端，雌虫较体略短。

● 被害植物：大麻、芝麻、棉花、蓟。● 观察时间：5—7 月。● 分布：黑龙江、吉林、辽宁、内蒙古、北京、河北、山西、山东、河南、陕西、青海、江苏、安徽、浙江、湖北、江西、湖南、福建、台湾、广东、广西、四川、贵州；俄罗斯、蒙古、朝鲜、韩国、日本。

❷ 桑小枝天牛 *Xenolea asiatica*

体长 5.5 ~ 9 mm。体基色深棕红色。前胸背板和鞘翅杂有一部分淡棕色，一般前胸背板前、后缘区色彩较淡，鞘翅上则深淡混杂，形成片片斑点。全体被灰黄色绒毛，背面的较黄，腹面的有时略带绿色，绒毛稀密不匀。特别是在鞘翅上，较密的毛区形成为许多不规则形的斑纹，且每一刻点内具一根长而深色的硬毛。触角细长，雄虫超出体长 1 倍，雌虫略短，柄节端部背面具小颗粒，第 3 节比柄节至少长 1/3，与第 4 节近乎等长。前胸背板较平匀，无瘤突，刻点相当紧密，侧刺突不大。鞘翅尾端圆形。

● 观察时间：6—10 月。● 分布：河南、浙江、湖北、江西、台湾、广东、海南、香港、广西、四川、云南；日本、印度、尼泊尔、缅甸、越南、老挝、泰国。

❶ 密点毡天牛 *Thylactus densepunctatus*

体长 27 mm 左右。体棕褐色，全体密被棕褐色及棕黄色细短绒毛。头部、触角、前胸背板、鞘翅、腹面及足的刻点中均着生一支白色细短芒状毛。额和前胸两侧具黄褐色细毛形成的淡色斑纹。鞘翅大部分被暗褐色细毛，在端半部中央被较淡的黄褐色细毛，略呈不明显的宽横带，向中缝渐窄。雄虫触角略长于体，雌虫仅达鞘翅端部 1/4 处。前胸背板侧刺突短，鞘翅两侧平行，端缘平宽。

● 观察时间：4—6 月。● 分布：广东、海南、云南。

❷ 竖毛蓑天牛 *Xylorhiza pilosipennis*

体长 25 ~ 44 mm。全体密被棕褐色至黑色及棕黄色绒毛和黑色竖毛，乍一看特别像披了一件蓑衣（中文名由来）。头部和触角大部分棕黄色，具少量黑色斑纹。鞘翅大部分被棕黄色绒毛，基部和端部之前有显著深色大型斑，整体显示不太显著的纵条纹，包括 2 条深色纵条纹。足腿节深色具浅色纵条纹，胫节和跗节色较淡。触角短于体。前胸背板无侧刺突，鞘翅末端圆。

● 采集月份：5—11 月。● 分布：浙江、福建、广东、海南、香港、广西、云南；越南，老挝。

主要参考文献

[1] 陈世骧，谢蕴贞，邓国藩. 中国经济昆虫志：第一册. 鞘翅目：天牛科 [M]. 北京：科学出版社，1959.

[2] 华立中. 中国天牛科昆虫名录 [M]. 广州：中山大学出版社，1982.

[3] 华立中. 老挝天牛名录 [M]. 广州：中山大学昆虫研究所，1984.

[4] 华立中. 国外天牛鉴定资料（第一集）[M]. 广州：中山大学，2002.

[5] 华立中，奈良一，塞缪尔森，林格费尔特. 中国天牛(1 406 种)彩色图鉴 [M]. 广州：中山大学出版社，2009.

[6] 华立中，奈良一，余清金. 海南、广东的天牛 [M]. 台湾：木生昆虫博物馆，1993.

[7] 蒋书楠，陈力. 中国动物志 昆虫纲 第二十一卷 鞘翅目 天牛科 花天牛亚科 [M]. 北京：科学出版社，2001.

[8] 蒋书楠，蒲富基，华立中. 中国经济昆虫志：第三十五册. 鞘翅目：天牛科 (三)[M]. 北京：科学出版社，1985.

[9] 蒲富基. 中国经济昆虫志：第十九册. 鞘翅目：天牛科 (二)[M]. 北京：科学出版社，1980.

[10] 饶戈. 香港天牛·香港昆虫志第一册 [M]. 香港：香港昆虫学会，2009.

[11] 周文一. 台湾天牛图鉴 [M]. 2 版. 台北：猫头鹰出版社，2008.

[12] Bi W.-X. & Lin, M.-Y. Description of a new species of the genus *Paraleprodera* from Xizang, China (Coleoptera, Cerambycidae, Lamiinae, Monochamini)[J]. Humanity space International almanac VOL. 1, Supplement 12, 2012: 4–11.

[13] Gressitt, J. L. Longicorn beetles of China. Longicornia[M]. Paris, 2, 1951.

[14] Gressitt, J. L., Rondon, J. A. & Breuning, S. Cerambycid beetles of Laos

(Longicornes du Laos)[J]. Pacific Insects Monographs，1970:24: i–vi；1–651.

[15] Lin, M.-Y. Some new localities of Chinese longhorn beetles (Coleoptera: Cerambycidae)[J]. Les Cahiers Magellanes, NS, 2014: No.16:110-150.

[16] Lin,M.-Y. Some new localities of Chinese longhorn beetles, Part2 (Coleoptera: Cerambycidae)[J]. Les Cahiers Magellanes, NS, 2015: No.17: 93-98.

[17] Lin, M.-Y., Bi, W.-X. & Jiroux, E. Three new synonyms of *Mecynippus ciliatus* (Gahan, 1888) (Cerambycidae, Lamiinae, Monochamini)[J]. Journal of Insect Biodiversity, 2014:2(5): 1-6.

[18] Lin, M.-Y. & Chen, C.-C. (Eds.) . In memory of Mr. Wenhsin Lin[M]. Formosa Ecological Company, Taiwan, 2013.

[19] Lin, M.-Y., Chou, W.-I., Kurihara, T. & Yang, X.-K. Revision of the genus *Thermistis* Pascoe 1867, with descriptions of three new species (Coleoptera: Cerambycidae: Lamiinae: Saperdini)[J]. Annales de la Société Entomologique de France (n. s.), 2012: 48 (1–2): 29–50, 67 figs.

[20] Lin, M.-Y., Li W.-Z. & Yang, X.-K. Taxonomic review of three saperdine genera, *Mandibularia* Pic, *Mimocagosima* Breuning and *Parastenostola* Breuning (Coleoptera: Cerambycidae: Lamiinae: Saperdini)[J]. Zootaxa, 2008: 1773: 1–17.

[21] Lin, M.-Y., Murzin, S.V. A study on the apterous genus *Clytomelegena* Pic, 1928 (Coleoptera, Disteniidae)[J/OL]. ZooKeys, 2012: 216: 13–21. doi: 10.3897/zookeys.216.3769.

[22] Lin, M.-Y., Tavakilian, G., Montreuil, O. & Yang, X.-K. A study on the *indiana* & *galathea* species-group of the genus *Glenea*, with descriptions of four new species (Coleoptera: Cerambycidae: Lamiinae: Saperdini)[J]. Annales de la Société Entomologique de France (n. s.), 2009: 45 (2): 157–176.

[23] Lin, M.-Y. & Yang, X.-K. *Glenea coomani* Pic, 1926 and its related species of South China with description of a new species[J/OL]. Zookeys, 2011: 153: 57–71, doi: 10.3897/zookeys.153.2106.

[24] Lin, M.-Y. & Yang, X.-K. Contribution to the Knowledge of the Genus *Linda* Thomson, 1864 (Part I), with the Description of *Linda* (*Linda*) *subatricornis* n. sp. from China (Coleoptera, Cerambycidae, Lamiinae)[J/OL]. Psyche Volume

2012, Article ID 672684: 1–8, 7 figs. doi: 10.1155/2012/672684.

[25] Lin, M.-Y. Yamasako, J & Yang, X.-K. New records of three species and one genus of the tribe Mesosini from China, with notes on *Golsinda basicornis* Gahan(Coleoptera: Cerambycidae: Lamiinae: Mesosini)[J]. Entomotaxonomia, 2014, 36(4): 267–274.

[26] Löbl, I. & Smetana A. (Eds.) Catalogue of Palaearctic Coleoptera: Vol. 6: Chrysomeloidea[M]. Apollo Books, Stenstrup, 2010.

[27] Ohbayashi, N & Lin, M.-Y. A Review of the Asian Genera of the Petrognathini, with Description of a New Species and Proposal of a New Synonym (Coleoptera, Cerambycidae, Lamiinae)[J]. Japanese Journal of Systematic Entomology, 2012, 18 (2): 235–251.

[28] Ohbayashi, N. & Niisato, T. (eds.) Longicorn Beetles of Japan[M]. Tokai University Press, Kanagawa, 2007 [in Japanese].

[29] Vives, E. & Lin, M.-Y. One new and seven newly recorded Callichromatini species from China (Coleoptera, Cerambycidae, Cerambycinae)[J/OL]. ZooKeys, 2013: 275: 67–75. doi: 10.3897/zookeys.275.4576.

[30] Weigel, A., Meng, L.-Z. & Lin, M.-Y. Contribution to the Fauna of Longhorn Beetles in the Naban River Watershed National Nature Reserve[M]. Formosa Ecological Company, Taiwan, 2013.

图片摄影

林美英　松厚花天牛、塞幽天牛、短脊扁腿天牛、杨颈天牛、多带天牛、双条杉天牛、褐蜡天牛、橙斑缘天牛、卡氏肿角天牛、黄点棱天牛、半环绿虎天牛、红缘亚天牛、琼台半鞘天牛、咖啡双条天牛、地衣天牛、斜顶天牛、白星瓜天牛、愈斑南瓜天牛、线纹粗点天牛、污天牛、多脊草天牛、黄角草天牛、麻点瘤象天牛、哈朗瘦象天牛、斑腿象天牛、华星天牛、V 线灰天牛、二斑墨天牛、窝天牛、桑小枝天牛、密点毡天牛、奢锦天牛、芫天牛（2 图）、粒肩天牛、第 1—21 页未署名的所有照片

雷　波　蔗狭胸天牛、纳西花天牛、康定花天牛、双条异花天牛、长尾花天牛、皱缘柄天牛、网点长绿天牛、斑胸华蜡天牛、粗脊天牛、绿虎天牛、弱刺虎天牛、核桃脊虎天牛、咖啡脊虎天牛、巨胸脊虎天牛、油茶红天牛、突departure折天牛、厚角丽天牛、黄斑多斑锥背天牛、项山晦带方额天牛、绒脊长额天牛、羽角天牛、多褶驴天牛、毛角蜓天牛、黑角短节天牛、树纹污天牛、粉天牛、三带拱翅天牛、双带长毛天牛、金绒锦天牛、绿绒星天牛、橄榄梯天牛、肖墨天牛、黑翅筒天牛、暗翅筒天牛、眉斑并脊天牛、小星并脊天牛、黑色复纹并脊天牛、拟莫氏并脊天牛、竖毛蓑天牛、双脊天牛

刘　晔　脊婴翅天牛、黄角扁角天牛、胫刺胸薄翅天牛、横带纤花天牛、曲纹花天牛、红斑花天牛、肿腿花天牛、小截斑眼花天牛、肩花天牛、藏特勒天牛、弧凹梗天牛、察隅膜花天牛、邻纹虎天牛、黄颈柄天牛、咖啡皱胸天牛、桑脊虎天牛、连纹脊虎天牛、中黑肖亚天牛、帽斑紫天牛、长角天牛、蓝翅重突天牛、白网污天牛、宁陕锦天牛、蓝斑星天牛、楝星天牛、灰天牛、云杉大墨天牛、中斑齿胫天牛、宛氏伪迷天牛、双斑糙天牛、环角坡天牛、二斑突尾天牛

吴　超　黑须天牛、竹土天牛、十二斑花天牛、猫厚花天牛、台突花天牛、白斑蜡天牛、松红胸天牛、曲纹脊虎天牛、宽带脊虎天牛、长角凿点天牛、锯纹锐天牛、蓝丽天牛、贵州台岛丽天牛、圆八星白条天牛、密条草天牛、瘦象天牛、长颈鹿天牛、云杉花墨天牛、红浑天牛、伪粒肩天牛、弧线皱额天牛、侧斑吉丁天牛、环斑突尾天牛、蝶斑并脊天牛、四斑并脊天牛、颚天牛、音天牛（2 图）、黄腹蜂花天牛（2 图）

张巍巍　花萤、墨天牛（第 12 页）、树枝上（第 16 页右）、长角象、锯谷盗、中华裸角天牛、樟扁天牛、本天牛、蔗根土天牛、雅鲁藏布膜花天牛、孔纹虎天牛、红角皱胸天牛、散愈斑格虎天牛、长胸长柄天牛、大茶色天牛、台岛茶色天牛、双条天牛、云斑白条天牛、密点白条天牛、白条天牛、黄星粉天牛、榕指角天牛、三斑长毛天牛、橡胶麻点瘤象天牛、白星鹿天牛、异鹿天牛、灰尾筒天牛、刻额皱额天牛

Tomás Tichý 截翅刺尾花天牛、滇毛角花天牛、灰绿真花天牛、刺尾纤花天牛、云南大头花天牛、裸花天牛、黑胸瘤膜花天牛、山地驼花天牛、云南纹虎天牛、斯拟虎天牛、滇拟虎天牛、昆明多带天牛、云南施华天牛、纯绿虎天牛、短绿虎天牛、滇刺虎天牛、红尾脊虎天牛、五瘤天牛、川折天牛、黑肩瘤筒天牛、二点小筒天牛、云南小筒天牛、拟蛳并脊天牛

陈　尽 凹缘金花天牛、双斑厚花天牛、椎天牛、红缘长绿天牛、六斑绿虎天牛、槐绿虎天牛、额天牛、茶眉天牛、八星粉天牛、粒翅天牛、黑点象天牛、缝刺墨天牛、瘦齿胫天牛、伪鹿天牛、台湾筒天牛、拟修天牛、越并脊天牛（雄）

刘景欣 海南异胸天牛、松长绿天牛、尖纹刺虎天牛、鼎纹艳虎天牛、爪哇脊虎天牛、沟翅珠角天牛、条饰粉天牛、拟鹿天牛、大理石异鹿天牛、条胸突尾天牛、莫氏并脊天牛、弧纹并脊天牛

寒　枫 负泥虫、郭公（第9页）、筒天牛（第14页）、黄胫胖花天牛、窄筒虎天牛、拟棘天牛、俏天牛、蜡斑齿胫天牛、白腰天牛

李元胜 粗鞘杉天牛、拟蜡天牛、红黑头脊虎天牛、黑翅短节天牛、栗灰锦天牛、红足墨天牛、弱筒天牛、刺筒天牛、海南刺楔天牛

彭　博 沟翅土天牛、黑角伞花天牛、双带多带天牛、台湾茶色天牛、黑星天牛、松墨天牛、榆并脊天牛

周纯国 齿跗锯天牛、蚤瘦花天牛、白角拟虎天牛、峦纹象天牛、槐星天牛、黑瘤瘤筒天牛、白点勾天牛

范　毅 越并脊天牛（雌）、多节锯天牛、圆眼天牛、保山半鞘天牛、中华安天牛、密缨天牛

王志良 大麻多节天牛、白腹草天牛、桔斑簇天牛、双斑齿胫天牛、红角并脊天牛

朱建青 中华柄天牛、苜蓿多节天牛、双簇污天牛、双带拟象天牛、带天牛

余之舟 桑并脊天牛、突肩拟鹿岛天牛、刺楔天牛、连环艳虎天牛（2图）

李　虎 刻角干天牛、圆尾长臂象天牛、樟泥色天牛、丽并脊天牛

陈献勇 黄带黑绒天牛、中华竹紫天牛、龟背簇天牛、眼斑齿胫天牛

单子龙 黑胸驼花天牛、脊鞘幽天牛、四点象天牛、麻竖毛天牛

黄鑫磊 棘翅天牛、宽带墨天牛、短足筒天牛、培甘弱脊天牛

黄贵强 裸纹长跗天牛、印度半鞘天牛、蓝墨天牛

林文信 缨角枝天牛、白斑泥色天牛、黄纹刺楔天牛

张宏伟 毛角天牛、丛角天牛、毛簇天牛

许鹏飞 桃红颈天牛、光肩星天牛、黄星天牛

王　江 东北脊花天牛（第 11 页）、肿腿花天牛（第 12 页）

王　超 云纹灰天牛、豹天牛

杨干燕 被当做天牛的郭公

Eric Jiroux 粒肩天牛

Eduard Vives 被当做天牛的距甲

曾会花 卡巴石瘦天牛

兰　根 灰绿锈色粒肩天牛

刘思阳 异斑象天牛

刘漪舟 东北脊花天牛

鎏　域 皱胸粒肩天牛

莫水松 灰拟居天牛

宁　列 桑拟象天牛

吴棣飞 双脊天牛（交配）

殷子为 新宽肩并脊天牛

张永新 菊小筒天牛